STUD BOOK FRANÇAIS

REGISTRE

DES

CHEVAUX DE DEMI-SANG

NÉS ET IMPORTÉS EN FRANCE

Publié par ordre de M. le Ministre de l'Agriculture

SECTION NORMANDE

TOME III — ÉTALONS

(1891-1897)

Prix : 4 Francs

PARIS
EN VENTE CHEZ J. KUGELMANN
12, rue de la Grange-Batelière, 12

1898

STUD BOOK FRANÇAIS

REGISTRE

DES

CHEVAUX DE DEMI-SANG

NÉS ET IMPORTÉS EN FRANCE

SECTION NORMANDE

TOME III — ÉTALONS

(1891-1897)

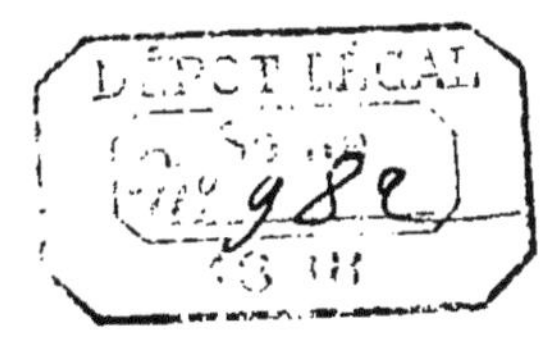

STUD BOOK FRANÇAIS

REGISTRE

DES

CHEVAUX DE DEMI-SANG

NÉS ET IMPORTÉS EN FRANCE

Publié par ordre de M. le Ministre de l'Agriculture

SECTION NORMANDE

TOME III — ÉTALONS

(1891-1897)

Prix : 4 Francs

PARIS

EN VENTE A L'IMPRIMERIE KUGELMANN

12, rue de la Grange-Batelière, 12

1898

RÉPUBLIQUE FRANÇAISE

Paris, le 30 avril 1887.

RAPPORT

A MONSIEUR LE MINISTRE DE L'AGRICULTURE

Monsieur le Ministre,

L'Administration des Haras a reconnu de tout temps la nécessité de tenir grand compte, dans les accouplements, de l'origine et de la généalogie des étalons et des juments livrés à la reproduction. Elle a toujours considéré que l'adoption de ce principe était la base la plus sûre pour poursuivre utilement l'amélioration des races chevalines.

Dès 1833, elle provoquait une ordonnance « portant établissement d'un registre matricule pour l'inscription des chevaux de race pure existant en France *(Stud Book français)* et institution d'une Commission spéciale pour la tenue de ce registre ».

Cette publication a été continuée, sans interruption, depuis cette époque, et la Commission instituée par l'ordonnance précitée fonctionne chaque année pour l'examen des titres produits à l'appui des demandes d'inscription. Aucune inscription n'est faite si elle n'a été proposée à M. le Ministre de l'Agriculture par cette Commission.

Parmi les dispositions arrêtées par le Ministre du Commerce (qui avait alors le service des Haras dans ses attributions), sur la proposition de la Commission du registre matricule, pour l'exécution de l'ordonnance du 3 mars 1833, figurait le paragraphe suivant : « Un registre matricule pourra être établi, à l'avenir, pour l'inscription des chevaux provenant du croisement des races pures avec d'autres races, lorsque ce croisement sera parvenu à un degré qui sera ultérieurement déterminé. »

En 1850, la Direction du service fut d'avis que le moment était venu de donner suite à cette disposition spéciale. Des instructions ministérielles en date du 15 juillet de la même année prescrivirent l'ouverture, au dépôt d'étalons de Tarbes, par les soins du personnel de cet établissement, d'un registre matricule pour l'inscription des poulinières d'élite du département des Hautes-Pyrénées et plus particulièrement encore celles de la plaine de Tarbes, siège de la race bigourdane améliorée.

Ce registre, destiné à constater l'importance de la nouvelle famille, devait en former les archives sommaires et authentiques, et offrir plus tard des matériaux pleins d'intérêt à l'histoire physiologique de la production du cheval dans cette partie de la France.

Les éleveurs, informés du désir qu'avait l'Administration de constater, dans un livre officiel, l'existence des juments de choix, reconnurent l'utilité de ce travail et fournirent, avec empressement, des renseignements pour l'inscription d'un grand nombre d'animaux.

Le travail, complètement terminé dans le courant de 1851, fut livré à l'impression par ordre du Ministre de l'Agriculture et du Commerce à la fin de la même année, sous le titre suivant : *État civil de la race bigourdane améliorée.*

Le 15 juillet 1850, le Directeur du haras du Pin recevait, comme son collègue du dépôt de Tarbes, des instructions ministérielles relativement à la rédaction d'un

Stud Book spécial de la race chevaline normande améliorée. En exécution de ces ordres, des recherches furent faites sans interruption, à partir de cette époque, afin de recueillir tous les documents nécessaires pour mener à bonne fin cette délicate et très difficile mission.

Les renseignements fournis par les éleveurs de la circonscription ont été rapprochés des documents consignés dans les archives du dépôt du Pin et contrôlés avec le plus grand soin. Le travail préparatoire a été terminé le 22 mars 1853, et une décision ministérielle du 19 avril suivant a approuvé les bases adoptées pour sa rédaction.

Le *Stud Book normand*, définitivement clos le 25 juin 1853, contenait 1,196 noms, savoir : 260 étalons, 411 poulinières et 525 produits de divers âges. Il fut adressé à M. le Ministre de l'Agriculture et du Commerce, qui voulut bien faire connaître sa satisfaction au sujet de ce travail.

L'impression de ce document important était admise en principe et annoncée aux éleveurs. Divers motifs en retardèrent la publication, qui fut définitivement ajournée : elle n'a pas été faite au grand regret des intéressés, qui ont été unanimes à reconnaître que cette mesure était très préjudiciable au progrès de l'amélioration de la race chevaline anglo-normande.

Une étude spéciale des origines de la famille chevaline vendéenne a été faite en 1868 et 1869, avec l'autorisation du Ministre, par l'inspecteur général qui était chargé à cette époque de l'arrondissement de l'Ouest.

Ce travail devait se diviser en deux parties : la première contenant le recueil généalogique des étalons employés à la reproduction dans les départements de la Vendée et de la Loire-Inférieure depuis 1839; la seconde était destinée aux poulinières de la même région et à leurs produits. Il était terminé en avril 1869 et soumis à l'Administration supérieure, qui voulut bien l'approuver et en décider la publication.

Le premier volume de l'ouvrage, qui reçut le titre de « chevaux vendéens », a été imprimé dans le cours de cette même année : il contenait l'origine de 369 étalons. Ce livre, tiré à plusieurs centaines d'exemplaires, a été distribué à tous les éleveurs de la région.

Les événements de 1870 ont arrêté la publication du recueil généalogique des poulinières, qui renfermait 257 juments et 158 produits.

L'essor de la production et de l'amélioration des diverses familles de demi-sang, amené par le fonctionnement de la loi organique de 1874 sur les Haras, rend nécessaire la reprise et la continuation de ces registres généalogiques.

Leur établissement a fait l'objet d'un vœu du Conseil supérieur des Haras ; les éleveurs attendent avec impatience cette nouvelle consécration de leurs efforts, et l'Administration des remontes militaires attache à cette œuvre la plus haute importance. Elle a la ferme conviction qu'elle y puisera des renseignements précieux, au point de vue de la production du cheval de guerre, sur les ressources hippiques des grands centres d'élevage de la France.

Les nations voisines se sont depuis longtemps préoccupées de cette question : c'est ainsi que la Prusse a établi un *Stud Book* très intéressant de la race Trakehnen ; que l'Autriche a fondé celui des chevaux de Lippiza ; qu'aux États-Unis la liste complète et spéciale des trotteurs joue un rôle des plus importants, et, enfin, qu'en Angleterre et en Belgique, on a jugé indispensable d'ouvrir des registres pour l'inscription des sujets de races de trait.

Pour maintenir la France à la hauteur de sa prospérité chevaline, j'ai l'honneur de vous prier de vouloir bien décider que les travaux antérieurs seront repris et arrêter que des *Stud Book* spéciaux pour les familles de demi-sang de races améliorées seront établis et continués par les soins de l'Administration des Haras, qui demeurera chargée de les publier, pour les diverses régions, dans des conditions analogues au *Stud Book* des races pures.

Afin d'étudier les meilleures mesures à prendre pour la rédaction de ce travail et dans le but de lui donner une base régulière et uniforme, j'ai l'honneur de vous proposer de former une Commission composée de membres dont les connaissances spéciales permettraient de fixer les diverses conditions à adopter comme point de départ.

Si vous voulez bien approuver le présent rapport, je vous serai obligé de le revêtir de votre signature, ainsi que l'arrêté ci-joint portant formation de la Commission.

Veuillez agréer, Monsieur le Ministre, l'hommage de mon respectueux dévouement.

Le Directeur des Haras,

H. DE CORMETTE.

Approuvé :

Le Ministre,

J. DEVELLE.

MINISTÈRE DE L'AGRICULTURE

ARRÊTÉ

LE MINISTRE DE L'AGRICULTURE,

Vu l'ordonnance du 3 mars 1833, portant établissement d'un registre matricule pour l'inscription des chevaux de race pure;

Vu le dernier paragraphe de l'arrêté pris par le Ministre du Commerce, en exécution de ladite ordonnance ;

Considérant qu'il y a lieu, par suite, d'ouvrir, pour la conservation des races améliorées de demi-sang dans les centres les plus importants d'élevage, un registre généalogique qui établisse leur confirmation,

ARRÊTE :

ARTICLE PREMIER.

L'Administration des Haras est chargée d'établir, de continuer et de publier des *Stud Book* spéciaux pour les familles de demi-sang.

ART. 2.

(Suit la désignation des membres composant la Commission.)

Paris, le 30 avril 1887.

J. DEVELLE.

. . . .

DÉCISIONS DE LA COMMISSION

. . . .

. . . .

La Commission du *Stud Book* de demi-sang s'est réunie les 27 mai 1887, 13 juin 1890 et 21 avril 1891. Elle a émis les vœux suivants qui ont été adoptés par M. le Ministre, et à la suite desquels des instructions ont été données à MM. les Directeurs des dépôts d'étalons pour l'établissement des inscriptions :

. . . .

« Il ne sera ouvert qu'un seul *Stud Book* des chevaux de demi-sang. »

. . . .

« Le *Stud Book* sera divisé en six sections, savoir :
« Section normande.
« Section bretonne.
« Section vendéenne et charentaise.
« Section du Midi.
« Section du Centre.
« Section du Nord et de l'Est. »

. . . .

« Seront inscrits aux diverses sections du *Stud Book* des chevaux de demi-sang :

« 1° Les animaux qui, nés avant 1882, auront du côté paternel et du côté maternel un ascendant de pur sang ou de demi-sang ;

« 2° Les animaux qui, nés depuis 1882, auront du côté paternel et du côté maternel deux ascendants de pur sang ou de demi-sang. »

. . . .

« Seront inscrits d'office tous les étalons de demi-sang qui appartiennent ou qui ont appartenu à l'Etat et les étalons approuvés de même catégorie, lors même qu'ils ne rempliraient pas les conditions ci-dessus. »

. . . .

« Les étalons et les juments seront inscrits dans la section du pays où ils produisent.

« Les produits seront inscrits dans la section du pays où ils sont nés. »

. . . .

« Aucun animal ne pourra être inscrit s'il ne porte un nom. »

. . . .

« Les étalons de pur sang qui ont concouru à la formation de la famille seront rappelés dans un appendice placé à la fin du volume.

« Seront également inscrits dans un appendice spécial, les étalons de demi-sang qui ont marqué, avant 1840, dans les fastes de la production chevaline. »

COMMISSION

DU

STUD BOOK DES CHEVAUX DE DEMI-SANG

Président :

M. le Ministre de l'Agriculture ou le Directeur des Haras.

Membres :

MM. Augère, ancien Député ;

Basly (de), Propriétaire-Eleveur à Saint-Contest (Calvados);

Bastid, Député du Cantal;

Cugnac (de), Directeur de l'École de dressage de Rochefort;

Ganay (de), Inspecteur général honoraire des Haras ;

Gévelot, Député de l'Orne ;

Henry, ancien Député, Membre du Conseil supérieur des Haras;

L'Inspecteur général permanent des remontes militaires (Général Faverot de Kerbreck);

La Fargue-Tauzia (de), Inspecteur général des Haras ;

Lanney (de), Inspecteur général des Haras ;

Lindet, Propriétaire-Eleveur à Saint-Léger-sur-Sarthe (Orne);

Marchegay, Député de la Vendée ;

MM. MOREL, Sénateur de la Manche;

PORTALÈS, Inspecteur général des Haras;

ROZIER (du) (Philippe), Propriétaire-Eleveur au Château du Petit Jars (Orne);

SEMPÉ, Propriétaire-Eleveur, à Tarbes, Membre du Conseil supérieur des Haras;

SIMONNIN, Directeur du Dépôt d'étalons, hors cadres, chargé du 2e Bureau de la Direction des Haras.

Secrétaire :

M. MACAREZ, Sous-Chef du 2e Bureau de la Direction des Haras.

Secrétaires adjoints :

MM. GUILLEMOT, Surveillant des Haras;

LELOUP, Rédacteur à la Direction des Haras.

ABRÉVIATIONS

H. N.	Haras nationaux.
Al.	Alezan.
Aub.	Aubère.
B.	Bai.
Bb.	Bai brun.
Bl.	Blanc.
C. L.	Café au lait.
F. P.	Fleur de pêcher.
Gr.	Gris.
Is.	Isabelle.
N.	Noir.
P.	Pie.
Ro.	Rouan.
P. S. A.	Pur-sang anglais.
P. S. Ar.	— arabe.
P. S. A.-A.	— anglo-arabe.
1/2 s.	Demi-sang.
1/2 s. A.	— anglais.
1/2 s. Al.	— allemand.
1/2 s. Am.	— américain.
1/2 s. Ar.	— arabe.
1/2 s. A.-A.	— anglo-arabe.
1/2 s. A.-N.	— anglo-normand.
1/2 s. N.	— normand.
1/2 s. B.	— breton.
1/2 s. Big.	— bigourdan.
1/2 s. Char.	— charentais.
1/2 s. V.	— vendéen.
1/2 s. L.	— limousin.
1/2 s. Norf.	— norfolk.
1/2 s. Norf.-B.	— norfolk-breton.
1/2 s. R.	— russe.
1/2 s. Orl.	— orloff.
1/2 s. Meck.	— mecklembourgeois.
1/2 s. Carr.	— carrossier.
S.B.F., t. , p.	Stud-Book français, tome , page .
S.B.A., t. , p.	Stud-Book anglais, tome , page .
S. R.	Sans renseignements.

NOTA. — *Le nom qui est inscrit après la date de naissance indique le pays, la région ou le département où est né l'étalon.*

Les dates qui suivent le nom de la circonscription rappellent le temps pendant lequel l'étalon y a fait la monte.

PREMIÈRE PARTIE

ÉTALONS

SECTION NORMANDE

ÉTALONS

(1891-1897)

Circonscriptions des Dépôts d'Étalons du Pin et de Saint-Lô.

DÉPARTEMENTS :

EURE, ORNE, SEINE, SEINE-ET-OISE, SEINE-INFÉRIEURE, SARTHE (cantons de la Fresnaye et de Saint-Paterne), CALVADOS, MANCHE.

1°

ÉTALONS

NÉS DANS LES CIRCONSCRIPTIONS DU PIN ET DE SAINT-LÔ

(1891-1897)

ÉTALONS

Nés dans les circonscriptions du Pin et de Saint-Lô

ABDEL-KADER (approuvé). — M. Bonpain, 1882 ;
M. Duvet, 1896.
Bb. 1878. — Manche.
Par *Ignoré*, 1/2 s. N., et une fille de Forcy, 1/2 s. N.
Sa grand'mère : fille de Priam, 1/2 s. N.
Saint-Lô : depuis 1882.

ACQUILA. — H. N.
N. 1878. — Orne.
Par *Niger* 1/2 s. N., et *Lucrèce*, par Centaure, 1/2 s. N.
Sa grand'mère, fille de Lully, P. S. A.
Sa bisaïeule, fille de Chesterfield Junior, P. S. A.
Sa trisaïeule, fille de Pick-Pocket, P. S. A.
Sa quadrisaïeule, fille de Silvio, P. S. A.
Le Pin : depuis 1882.

ACROBATE (approuvé). — MM. Nicolle, 1882 ; Durand, 1884.
Bb. 1878. — Calvados.
Par *Phare*, 1/2 s. N., et fille de Gotha, 1/2 s. N.
Sa grand'mère : fille de Navigateur, 1/2 s. N.
Saint-Lô : 1882. — Réformé en 1894.

ACTÉON (approuvé).
MM. Bonpain, 1882 ; Le Sénéchal, 1888.
Al. 1878. — Manche.
Par *Mine-d'Or*, 1/2 s. N., et une fille de Garde-à-Vous, 1/2 s. N.
Sa grand'mère : fille de Félibien, 1/2 s. N.
Saint-Lô : 1882-1895. – Vendu après la monte

ADJUDANT. — H. N.
B. 1878. — Manche.
Par *Marco-Spada*, 1/2 s. N., et *Rosette*, par Dimanche, 1/2 s. N.
Saint-Lô : 1882-1891.— Castré le 20 août.

AGRICULTEUR (approuvé). — M. Richaud.
B. 1878 — Manche.
Par *Regret*, 1/2 s. N., et une 1/2 s. N., par Dear-Tom, P. S. A.
Sa grand'mère : par Torticolis, P. S. A.
Saint-Lô : depuis 1882.

AJACCIO (approuvé). — M. A. Lemétayer.
B. 1878. — Manche.
Par *L'Incroyable*, P. S. A., et *Nouvelle-France*, par Ugolin, 1/2 s. N.
Saint-Lô : 1882-1896.— Réformé après la monte.

ALARIC. — H. N.
B. 1878.— Manche.
Par *Noirmont*, 1/2 s. N., et *Caroline*, par J'Y-Songerai, 1/2 s. N.
Le Pin : 1883-1890. — Réformé.

ALÉRION (approuvé).— MM. Buhot, 1883 ; Gervais, 1884.
N. 1878. — Calvados.
Par *Noville*, 1/2 s. N., et une fille de Succès, 1/2 s. N.
Sa grand'mère : Elisa 1/2 s. N., par Corsair, 1/2 s. A.
Saint-Lô : 1883-1892. — Pas présenté pour la monte.

ALGÉRIEN (approuvé). — M. Angers.
Al. 1878. — Calvados.
Par *Libérator*, 1/2 s. A., et une 1/2 s. N., par Pretty-Boy, P. S. A.
Sa grand'mère : N., par Nemrod, 1/2 s. N.
Saint-Lô : depuis 1882.

ALHAMBRA. — H. N.
Bb. 1878. — Eure.
Par *Norfolk-Trotter*, 1/2 s. A., et *Martinette II*, par Pledge, 1/2 s. N.
Sa grand'mère : fille de Black-Jack, 1/2 s. A.
Saint-Lô : 1882. — Castré le 20 août 1891.

ALPAGA. — H. N.
B. 1878. — Orne.
Par *Fugitif*, 1/2 s. N., et *Mouchette*, par Valdémar, 1/2 s. N.
Sa grand'mère : par Oscar, 1/2 s. N.
Saint-Lô : 1882. — Castré le 3 septembre 1896.

ALPHA. — H. N.
Al. 1878. — Calvados.
Par *Radeau*, 1/2 s. N., et *Sauvagine*, 1/2 s. N., par Libérator, 1/2 s. A.
Le Pin : 1882-1890. — Réformé.

ALSACIEN, ex-**ANGLO-NORMAND**. — H. N.
Al. 1878. — Manche.
Par *Ignoré*, 1/2 s. N., et *Rosette*, par Pater, 1/2 s. N.
Sa grand'mère : par Sir-Henry-Dinsdale, 1/2 s. A.
Saint-Lô : 1882. — Abattu le 28 octobre 1897.

AMBASSADEUR (approuvé).— M. Allain.
Bb. 1878. — Orne.
Par *Ximénès*, 1/2 s. N., et *Carlotta*, par Loustic, 1/2 s. N.
Sa grand'mère : par Désiré, 1/2 s. N.
Saint-Lô : 1882-1890. — Réformé après la monte.

AMIENS. — H. N.
B. 1878. — Manche.
Par *Quinte-Curce*, 1/2 s. N., et *Rosette*, par Pont-d'Or, 1/2 s. N.
Saint-Lô : 1882. — Castré le 20 août 1891.

APIS. — H. N.
N. 1878. — Manche.
Par *Lavater*, 1/2 s. N., et *Folette*, par Agenda, 1/2 s. N.
Sa grand'mère : par Eylau, P. S. A. A.
Le Pin : 1882-1894.— Réformé.

APPENAY. — H. N.
B. 1878. — Orne.
Par *Hamon*, 1/2 s. N., et *Suzette*, par Nolleval, 1/2 s. N.
Le Pin : 1882-1892. — Réformé.

ARAMIS (approuvé). — M. Lemonnier.
Al. 1884. — Normandie.
Par *Hippomène*, 1/2 s. Big., et *Sylvia*. par Conquérant, 1/2 s. N.
Sa grand'mère : Fridoine, 1/2 s. N., par Schamyl, P. S. A.
Le Pin : depuis 1890.

ARCHIBALD, ex-**APOLLON**. — H. N.
Al. 1878. — Manche.
Par *Requin*, 1/2 s. N., et *Rosette*, 1/2 s. N., par Paladin, P. S. A.
Sa grand'mère : par Talleyrand, 1/2 s. N.
Saint-Lô : depuis 1882.

ARLEQUIN. — H. N.
B. 1878. — Calvados.
Par *Normand*, 1/2 s. N., et *Irlande*, par Irlandais.
Le Pin : 1882-1894. -- Réformé.

AUSTRAL, ex-**AVIRON**. — H. N.
B. 1878. — Calvados.
Par *Kaolin*, P. S. A., et *Petite-de-Mer*, par Usager, 1/2 s. N.
Sa grand'mère : par Dorus, 1/2 s. N.
Saint-Lô : 1882. — Castré le 3 septembre 1896.

AVENTIN. — H. N.
Al. 1878. — Calvados.
Par *Unau*, 1/2 s. N., et une fille d'Uzel, 1/2 s. N.
Saint-Lô : 1882. — Castré le 28 octobre 1893.

AVIGNON. — H. N.
Al. 1878. — Manche.
Par *Schamyl*, 1/2 s. L., et *Mouvette*, par Victorieux, 1/2 s. N.
Sa grand'mère : par Marengo, P. S. A.-A.
Saint-Lô : 1882. — Castré le 28 octobre 1893.

BACCARAT (approuvé). — M. Tirard 1883 ;
M. Alexandre Paul, 1884 ; Mme Ve Hamel, 1896.
B. 1879. — Normandie.
Par *Rostrum*, 1/2 s. N., et une fille de Gotha, 1/2 s. N.
Sa grand'mère : par Navigateur, 1/2 s. N.
Saint-Lô : depuis 1883.

BALADEUR. — H. N.
B. 1879. — Calvados.
Par *Irlandais*, 1/2 s. N., et *Mariette*, par Le More, 1/2 s. N.
Sa grand'mère : par Antinoüs, 1/2 s. N.
Saint-Lô : 1883. — Castré le 23 août 1895.

BAPTISTE-LEMORE. — H. N.
Bb. 1879. — Eure.
Par *Niger*, 1/2 s. N., et *Zaïne*, par Conquérant, 1/2 s. N.
Sa grand'mère : Atalante, par Carignan, 1/2 s. N.
Le Pin : 1883-1894.— Réformé.

BARBEROUSSE. — H. N.
Al. 1879. — Manche.
Par *Sidi*, P. S. Ar., *Mademoiselle-d'Audouville*, par Ignoré, 1/2 s. N.
Sa grand'mère, par Giboyer, 1/2 s. N.
Sa bisaïeule, par Jay, 1/2 s. N.
Sa trisaïeule, par Sir-Henry-Dinsdale, 1/2 s. A.
Saint-Lô : 1883. — Castré le 26 novembre 1892.

BARBEROUSSE (approuvé).
MM. Le Senécal, 1883 ; Trochon, 1884.
B. 1879. — Manche.
Par *Newton*, 1/2 s. N., et *Tranquille*, par Kapirat, 1/2 s. N.
Saint-Lô : depuis 1883.

BARRABAS. — H. N.
Al. 1879. — Orne.
Par *Jactator*, 1/2 s. N., et *Fleur-de-Mai*, par Niger, 1/2 s. N.
Le Pin : depuis 1883.

BAS-BLANCS (approuvé). — M. Herbert.
N. 1876. — Manche.
Par *Faucon*, 1/2 s. N., et *Charlotte*, par Quine, 1/2 s. N.
Saint-Lô : 1880-1892.— Pas présenté pour la monte.

BATACLAN IV. — H. N.
Bb. 1879. — Manche.
Par *Lavater*, 1/2 s. N., et *Christine*, par Kapirat, 1/2 s. N.
Sa grand'mère : par Débardeur, P. S. A.
Saint-Lô : 1884. — Castré le 3 septembre 1896.

BATAILLON. — H. N.
Bb. 1876. — Orne.
Par *Niger*, 1/2 s. N., et *Lisette*, par Noteur, 1/2 s. N.
Sa grand'mère : 1/2 s. N., par Lully, P. S. A.
Saint-Lô : depuis 1880. — Abattu le 17 août 1897.

BESLON (approuvé). — M. Lebeurrier, 1888.
Al. 1884. — Manche.
Par *Algérien*, 1/2 s. N., et *Sounise*, par Orme, 1/2 s. N.
Sa grand'mère : Lisette, par Quinine, 1/2 s. N.
Saint-Lô : depuis 1888.

BETTING. — H. N.
B. 1879. — Manche.
Par *Ignoré*, 1/2 s. N., et *Coquette*, par Hussein, 1/2 s. N.
Sa grand'mère : par Radical, 1/2 s. N.
Saint Lô : 1883. — Mort le 13 mars 1894.

BONNAIRE. — H. N.
Al. 1879. — Orne.
Par *Jactator*, 1/2 s. N., et *Constantine*, par Buci, 1/2 s. N.
Le Pin : 1883-1893. — Réformé.

BOURGMESTRE. — H. N.
Al. 1879. — Sarthe.
Par *Quiclet*, 1/2 s. N., et *Branche-d'Or*, par Lucain, 1/2 s. N.
Sa grand'mère : par William, P. S. A.
Saint-Lô : 1893. — Castré le 26 novembre 1892.

BRAVO (accepté). — M. Jouanne F.
B. 1892. — Manche.
Par *Hervé*, 1/2 s. N., et *Poulette*, 1/2 s. N.
Saint-Lô : depuis 1896.

BRETTEUR. — H. N.
B. 1879. — Manche.
Par *Phare*, 1/2 s. N., et *Capria*, par Sharavogue, P. S. A.
Saint-Lô : 1883. — Castré le 23 août 1891.

BRIDAINE. — H. N.
B. 1879. — Calvados.
Par *Orfila*, 1/2 s. N., et *La Poule*, par Léotard, 1/2 s. N.
Sa grand'mère : par Violent, 1/2 s. N.
Saint-Lô : 1883. — Castré le 26 novembre 1892

BURIDAN (approuvé).
MM. Le Sénécal, 1883 ; Pierre, 1886.
Al. 1879. — Calvados.
Par *Saturne*, 1/2 s. N., et une fille de Vice-Roi. 1/2 s. N.
Sa grand'mère : par Succès. 1/2 s. N.
Saint-Lô : depuis 1883.

CABANIS, ex-**CALAIS**. — H. N.
B. 1880. — Calvados.
Par *Josaphat*, 1/2 s. N., et *Chérie*, par Dartos, 1/2 s. N.
Le Pin : 1884-1892. — Réformé.

CACHEMIRE, ex-**CAPRICE**. — H. N.
B. 1880. — Calvados.
Par *Kaolin*, P. S. A., et *Miranda*, par Ignace, 1/2 s. N.
Le Pin : 1884-1895. — Réformé.

CADIX, ex-**CARNAVAL**. — H. N.
B. 1880. — Manche.
Par *Truplu*, 1/2 s. N., et *Monique*, par Harmonieux, 1/2 s. N.
Sa grand'mère : par Fontenay, 1/2 s. N.
Saint-Lô : 1884. — Castré le 3 septembre 1896.

CADRAN. — H. N.
Al. 1880. — Manche.
Par *Henry* ou *Gabier*, P. S. A., et *Rapide*, par Kabin, 1/2 s. N.
Sa grand'mère : par Sans-Gêne, 1/2 s. N.
Saint-Lô : 1884. — Castré le 20 août 1891.

CAFARELLI. — H. N.
Al. 1880. — Calvados.
Par *Dragon*, P. S. A., et une fille d'Elu, 1/2 s. N.
Sa grand'mère : par Kramer, 1/2 s. N.
Saint-Lô : 1884. — Réformé le 18 août 1894.

CAFÉ. — H. H.
Al. 1880. — Calvados.
Par *Hick*, 1/2 s. N., et *Vaporeuse*, 1/2 s. N., par Torrent, P. S. A.
Sa grand'mère : par Porthos, 1/2 s. N.
Saint-Lô : 1884. — Abattu le 9 août 1895.

CALAMBAC. — H. N.
B. 1880. — Orne.
Par *Saint-Rigomer*, 1/2 s. N., et *Dame-de-Pique*, par Elu, 1/2 s. N.
Sa grand'mère : une 1/2 s. N., par Tipple-Cider, P. S. A.
Saint-Lô : depuis 1884.

CALAS, ex-**CHAMPION**. — H. N.
B. 1880. — Calvados.
Par *Sobriquet*, 1/2 s. N., et *Fringante*, par Bisson, 1/2 s. N.
Sa grand'mère : Kusbeck, 1/2 s. N.
Saint-Lô : 1884. — 27 août 1897.

CAMALDULE, ex-**COLBERT**. — H. N.
B. 1880. — Calvados.
Par *Tigris*, 1/2 s. N., et *Sauvagine*, 1/2 s. N., par Libérator, 1/2 s. N.
Sa grand'mère : par Trouville, P. S. A.
Le Pin : 1884-1891. — Réformé.

CAMBACÉRÈS. — H. N.
Al. 1880. — Orne.
Par *Niger*, 1/2 s. N., et *Lucrèce*, 1/2 s. N., par Phœnomenon, 1/2 s. A.
Sa grand'mère : par Centaure, 1/2 s. N.
Sa bisaïeule, par Umber, 1/2 s. N.
Le Pin : depuis 1884.

CAMBRONNE. — H. N.
B. 1880. — Orne.
Par *Oriental*, 1/2 s. N., et *Cornélie*, par Niger, 1/2 s. N.
Sa grand'mère : par Pledge, 1/2 s. N.
Sa bisaïeule : par Homère, 1/2 s. N.
Le Pin : 1884-1893. — Réformé.

CAMEMBERT. — H. N.
B. 1880. — Orne.
Par *Phaéton*, 1/2 s. N., et *Conquérante*, par Thésée, 1/2 s. N.
Le Pin : depuis 1885.

CANUT, ex-**CRÉSUS**. — H. N.
Al. 1880. — Calvados.
Par *Hick*, 1/2 s. N., et *Edith*, par Elu, 1/2 s. N.
Sa grand'mère : par Fleuron, 1/2 s. N.
Sa bisaïeule : par Français, 1/2 s. N.
Saint-Lô : 1884. — Abattu le 17 octobre 1893.

CAPRARA, ex-**CRÉSUS**. — H. N.
B. 1880. — Calvados.
Par *Seymour*, 1/2 s. N., et *Sultane*, par Egésippe, 1/2 s. N.
Sa grand'mère : par Douglas, 1/2 s. N.
Saint-Lô : 1884. — Castré le 28 octobre 1893.

CARNAVAL. — H. N.
Bb. 1880. — Orne.
Par *Conquérant*, 1/2 s. N., et *Fanfare*, 1/2 s. N., par Bassompierre, 1/2 s. N., ou Phœnomenon, 1/2 s. A.
Le Pin : 1884-1892. — Réformé.

CARNAVALET, ex-**FORBAN**. — H. N.
B. 1880. — Orne.
Par *Conquérant*, 1/2 s. N., et *Tulipe*, par Eclipse, 1/2 s. N.
Sa grand'mère : Brunette, 1/2 s. N., par The Norfolk-Phœnomenon, 1/2 s. A.
Sa bisaïeule : Tunisienne, 1/2 s. N., par Performer, 1/2 s. A.
Sa trisaïeule : Zaïre, 1/2 s. N., par Napoléon, P. S. A.-A.
Sa quadrisaïeule : La Commerton, 1/2 s. N., par Commerton, P. S. A.
Saint-Lô : 1884. — Castré le 25 janvier 1897.

CARRIER, ex-**CONNÉTABLE**. — H. N.
B. 1880. — Calvados.
Par *Dragon*, P. S. A., et *Reblot*, par Impérial, 1/2 s. N.
Sa grand'mère : par Agenda, 1/2 s. N.
Sa bisaïeule : par Jaggar, 1/2 s. A.
Saint-Lô : 1884. — Castré le 3 septembre 1896.

CEINTURON. — H. N.
Bb. 1880. — Manche.
Par *Phare*, 1/2 s. N., et *Bijou*, par Navigateur, 1/2 s. N.
Sa grand'mère : par Electeur, 1/2 s. N.
Sa bisaïeule : par Pégase, 1/2 s. N.
Saint-Lô : 1884. — Castré le 20 août 1891.

CÉLADON. — H. N.
Bb. 1880. — Manche.
Par *Ray Grass*, 1/2 s. N., et *Pomponne*, par Orfila, 1/2 s. N.
Sa grand'mère : par Jarnac, 1/2 s. N.
Saint-Lô : 1894. — Castré le 23 août 1895.

CENSEUR. — H. N.
B. 1880. — Calvados.
Par *Législateur*, 1/2 s. N., et *Coquette*, par Régnier, 1/2 s. N.
Sa grand'mère : une 1/2 s. N., par Pick-Pocket, P. S. A.
Saint-Lô : depuis 1884.

CHAMBERTIN. — H. N.
Al. 1880. — Orne.
Par *Niger*, 1/2 s. N., et *Minerve*, par Gaulois, 1/2 s. N.
Sa grand'mère : par Centaure, 1/2 s. N.
Le Pin : 1884 (Annecy en 1891).

CHERBOURG. — H. N.
B. 1880. — Calvados.
Par *Normand*, 1/2 s. N., et *Peschiera*, par Extase, 1/2 s. N.
Sa grand'mère : par Conquérant, 1/2 s. N.
Sa bisaïeule : par Dorus, 1/2 s. N.
Sa trisaïeule : par Introuvable, 1/2 s. N.
Sa quadrisaïeule : par Royal-George, P. S. A.
Le Pin : depuis 1885.

CICÉRON II. — H. N.
N. 1880. — Calvados.
Par *Tigris*, 1/2 s. N., et *Mademoiselle-de-Bréville*, par Centaure, 1/2 s. N.
Le Pin : depuis 1885.

CLODOMIR. — H. N.
B. 1880. — Calvados.
Par *Ralph*, 1/2 s. N., et *Suzette*, 1/2 s. N., par Liberator, 1/2 s. A.
Sa grand'mère : par Gontran, P. S. A.
Saint-Lô : 1884. — Castré le 28 octobre 1893.

COLPORTEUR. — H. N.
Bb. 1880. — Eure.
Par *Normand*, 1/2 s. N., et *Zaine*, par Conquérant, 1/2 s. N.
Sa grand'mère : Atalante, par Carignan, 1/2 s. N.
Sa bisaïeule : N., par Egrillard, 1/2 s. N.
Saint-Lô : depuis 1884.

CONNÉTABLE. — H. N.
N. 1877. — Orne.
Par *Niger*, 1/2 s. N., et *Julia*, par Virgile, 1/2 s. N.
Saint-Lô : 1881. — Mort le 27 juin 1893.

CONTENT. — H. N.
B. 1886. — Eure.
Par *Hippomène*, 1/2 s. Big., et *Mademoiselle-de-Sainte-Opportune*, par Rivoli, 1/2 s. N.
Sa grand'mère : Jarnicoton, 1/2 s. N., par The Norfolk-Phœnomenon, 1/2 s. A.
Le Pin : depuis 1891.

CONTRÔLEUR. — H. N.
B. 1880, — Orne.
Par *Oriental*, 1/2 s. N., et *Coquette*, 1/2 s. A.
Saint-Lô : 1884. — Castré le 27 août 1897.

COQ-A-L'ANE (accepté). — M. A. Leroy.
B. 1892. — Manche.
Par *Intègre*.
Saint-Lô : depuis 1897.

COQ-A-L'ANE (approuvé).
MM. de Basly, 1885 ; Le Marchand, 1891.
Bb. 1880. — Calvados.
Par *Lavater*, 1/2 s. N., et *Allumette*, 1/2 s. N., par The Heir-of-Linne, P. S. A.
Saint-Lô : depuis 1886.

COQUET (approuvé). — M. Richard.
Al. 1879. — Manche.
Par *Silhouette*, 1/2 s. N., et une fille de Succès, 1/2 s. N.
Saint-Lô : depuis 1883.

CORDEBUGLE (approuvé).
MM. Lepailleur, 1884 ; Cochard, 1888.
B. 1880. — Calvados.
Par *Tourville*, 1/2 s. N., et une fille de Panique ou Kent, 1/2 s. N.
Saint-Lô : depuis 1884.

COURTISAN (approuvé). — M. Bisson, 1884.
B. 1880. — Orne.
Par *Hidalgo*, 1/2 s. N., et *Lisa*, par Héliotrope, 1/2 s. N.
Saint-Lô : 1884-1895. — Pas présenté pour l'approbation.

COURTOMER. — H. N.
Al. 1880. — Sarthe.
Par *Phaéton*, 1/2 s. N., et *Rose-Pompon*, par Sincerity, P. S. A.
Sa grand'mère : Integrity, 1/2 s. N., par Van-Tromp, P. S. A.
Saint-Lô : 1884. — Castré le 23 août 1895.

CRATÈRE (approuvé). — M. Fauchon, 1883
B. 1879. — Manche.
Par *Nadar*, 1/2 s. N., et *Mazette*, par Dagobert, 1/2 s. N.
Saint-Lô : 1883-1892. — Pas présenté pour la monte.

DACAPO. — H. N.
B. 1881. — Calvados.
Par *Normand*, 1/2 s. N., et *Olga*, par Abrantès, 1/2 s. N.
Sa grand'mère : par Ecuyer, 1/2 s. N.
Saint-Lô : depuis 1885.

DAMPIERRE. — H. N.
B. 1881. — Manche.
Par *Spectre*, 1/2 s. N., et *Joséphine*, par Josaphat, 1/2 s. N.
Sa grand'mère : par Ramsay, P. S. A.
Le Pin : 1885-1895. — Réformé.

DANIEL (accepté). — M. J. Lelièvre.
Al. 1888. — Manche.
Par *Pétrarque*, 1/2 s. N., et une fille de Daniel, 1/2 s. N.
Saint-Lô : 1895-1896. — Pas présenté.

DANIEL (approuvé). — M. Roussel.
Al. 1881. — Manche.
Par *Milord*, 1/2 s. N., et une fille de Félibien, 1/2 s. N.
Sa grand'mère : fille de Quininè, 1/2 s. N.
Saint-Lô : depuis 1885.

DANSEUR (approuvé). — M. Raisin.
B. 1881. — Manche.
Par *Nagel*, 1/2 s. N., et une fille d'Irrésistible, 1/2 s. N.
Sa grand'mère : par Extra, 1/2 s. N.
Sa bisaïeule: par Rosel, 1/2 s. N.
Saint-Lô : depuis 1886.

DANTE. — H. N.
B. 1881. Calvados.
Par *Lavater*, 1/2 s. N., et *Paméla*. P. S. A., par Tonnerre-des-Indes.
Le Pin : 1887-1892. — Réformé.

DAPHNIS, ex-**DANUBE**. — H. N.
Bb. 1881. — Manche.
Par *Lansborn*, 1/2 s. N., et *Castille*, par Arétin, 1/2 s. N.
Saint-Lô : 1885. — Castré le 3 décembre 1891.

DARNÉTAL. — H. N.
Al. 1881. — Calvados.
Par *Utique*, 1/2 s. N., et *Nacelle*, par Phare, 1/2 s. N.
Sa grand'mère : par Navigateur, 1/2 s. N.
Saint-Lô : 1885. — Abattu le 28 octobre 1897.

DÉCRET (approuvé). — M. Alexandre Paul.
Bb. 1881. — Manche.
Par *Siroc*, 1/2 s. N., et une fille de Jarnac, 1/2 s. N.
Sa grand'mère : par Ugolin, 1/2 s. N.
Saint-Lô : 1885. — Mort avant la monte de 1892.

DÉFENDU. — H. N.
Al. 1881. — Calvados.
Par *Oronte*, 1/2 s. N., et *Georgette*, par Usité, 1/2 s. N.
Sa grand'mère : par Tambour, 1/2 s. N.
Saint-Lô : depuis 1885.

DÉFENSEUR. — H. N.
B. 1881. — Orne.
Par *Serpolet-Bai*, 1/2 s. N., et *Travailleuse*, 1/2 s. N., par Marx, 1/2 s. R.
Le Pin : 1886-1895. — Réformé.

DÉGAGÉ. — M. Mauny.
Autorisé en 1891. — Approuvé en 1892.
B. 1878. — Orne.
Par *Conquérant*, 1/2 s. N., et une fille d'Eclipse, 1/2 s. N.
Le Pin : depuis 1891.

DELAWARE, ex-**DAUPHIN**. — H. N.
Al. 1881. — Orne.
Par *Urimesnil*, 1/2 s. N., et *Balzac*, 1/2 s. N., par Norfolk-Trotter, 1/2 s. A.
Sa grand'mère : par Centaure, 1/2 s. N.
Le Pin : depuis 1885.

DELILLE (approuvé). — M. R. d'Abzac.
B. 1881. — Calvados.
Par *Utique*, 1/2 s. N., et une fille de Phare, 1/2 s. N.
Sa grand'mère : par Porthos, 1/2 s. N.
Le Pin : depuis 1885.

DENAIN. — H. N.
B. 1881. — Manche.
Par *Jarnac*, 1/2 s. N., et *Bijou*, par Hunter, 1/2 s. N.
Saint-Lô : 1885. — Castré le 23 août 1895.

DESCARTES. — H. N.
B. 1881. — Manche.
Par *Reynolds*, 1/2 s. N., et *Miss-Boy*, 1/2 s. N.,
par Pretty-Boy, P. S. A.
Sa grand'mère : par Divus, 1/2 s. N.
Sa bisaïeule : par Ravissant, 1/2 s. N.
Saint-Lô : 1886. — Castré le 19 août 1892.

DESPOTE. — H. N.
B. 1881. — Manche.
Par *Invariable*, 1/2 s. N., et *Bijou*, par Guelfe, 1/2 s. N.
Saint-Lô : 1885. — Castré le 7 septembre 1893.

DIADÈME (approuvé).
M. Louvel, 1885. — M. Perdiel, 1888.
B. 1881. — Calvados.
Par *Léotard*, 1/2 s. N., et *Cocotte*, 1/2 s. N.,
par Sir Edwin-Landsyer, 1/2 s. A.
Le Pin : 1885. — Saint-Lô : depuis 1888.

DICTATEUR (approuvé).
M. le duc de Narbonne, 1883-1889. — M. Basile, 1895.
Bb. 1878. — Orne.
Par *Conquérant*, 1/2 s. N., et *Libertine*, par Usbékyeh, P. S. A.
Sa grand'mère : Brunette, 1/2 s. N., par Phœnomenon, 1/2 s. A.
Sa bisaïeule : Tunisienne, 1/2 s. N., par Performer, 1/2 s. N.
Sa trisaïeule : Zaïre, 1/2 s. N., par Napoléon, P. S. A.
Sa quadrisaïeule : La Camertonne, 1/2 s. N., par Camerton, P.S.A.
Le Pin : depuis 1883.

DICTATEUR (approuvé). — M. Fontlupt fils.
N. 1881. — Normandie.
Par *Normand*, 1/2 s. N., et une 1/2 s. N.,
par Trotting-Rattler, 1/2 s. A.
Le Pin : depuis 1887.

DIGNITAIRE. — H. N.
B. 1881. — Orne.
Par *Oriental* ou *Urimesnil*, 1/2 s. N., et *Louise*,
par Palanquin, 1/2 s. N.
Saint-Lô : 1885. — Réformé le 19 août 1892.

DIPLOMATE, ex-**DRAGON** (approuvé). — M. Pierre, 1885.
Bb. 1881. — Calvados.
Par *Tigris*, 1/2 s. N., et une fille de Kilomètre, 1/2 s. N.
Sa grand'mère : par Jactator, 1/2 s. N.
Saint-Lô : depuis 1885.

DIPLOMATE, ex-**DRAGON**. — H. N.
Bb. 1881. — Orne.
Par *Uvernet*, 1/2 s. N., et *Zéphirine*, par Kilomètre, 1/2 s. N.
Sa grand'mère : par Noteur, 1/2 s. N.
Saint-Lô : 1885. — Castré le 9 novembre 1897.

DIVORÇONS. — H. N.
Bb. 1881. — Calvados.
Par *Siméon*, 1/2 s. N., et *Mignonne*, par Bisson, 1/2 s. N.
Saint-Lô : 1885. — Castré le 20 août 1891.

DOCTEUR (approuvé). — M. Girouard.
B. 1881. — Calvados.
Par *Nomen*, 1/2 s. N., et une fille d'Affidavit, P. S. A.
Saint-Lô : depuis 1885.

DOLLAR. — H. N.
N. 1881. — Manche.
Par *Lavater*, 1/2 s. N., et *Druidesse*, par Agenda, 1/2 s. N.
Sa grand'mère : Elise, par Kapirat, 1/2 s. N.
Saint-Lô : depuis 1885.

DOMINANT. — H. N.
B. 1881. — Orne.
Par *Jactator* ou *Uvernet*, 1/2 s. N., et *Noisette*, par Noteur, 1/2 s. N.
Sa grand'mère : par Brocardo, P. S. A.
Saint-Lô : 1885. — Castré le 27 août 1897.

DOMINO (accepté). — M. de Sainte-Marie.
Bb. 1885. — Normandie.
Par *Union-Jack*, 1/2 s. N., et *N.*, par Bisson, 1/2 s. N.
Le Pin : depuis 1894.

DOMINO (accepté). — M. de Sainte-Marie.
Bb. 1886. — Normandie.
Par *Union-Jack*, 1/2 s. N., et une fille de Josaphat, 1/2 s. N.
Le Pin : depuis 1892.

DOMINO. — H. N.
B. 1881. — Calvados.
Par *Tigris*, 1/2 s. N., et *Rainette*, par Normand, 1/2 s. N.
Sa grand'mère : Gitana, P. S. A.
Saint-Lô : 1885. — Castré le 20 août 1891.

DOMINO-NOIR. — H. N.
N. 1881. — Manche.
Par *Lavater*, 1/2 s. N., et *Pastourelle*, P. S. A., par Pace.
Saint-Lô : depuis 1885.

DON-QUICHOTTE. — H. N.
B. 1881. — Calvados.
Par *Tigris*, 1/2 s. N., et *Etincelle*, 1/2 s. N., par Matchless, 1/2 s. A.
Sa grand'mère : par Pledge, 1/2 s. N.
Le Pin : depuis 1886.

DOUVILLE (approuvé). — M. Morcel.
Bb. 1881. — Calvados.
Par *Médicis*, P. S. A., et une fille de Bisson, 1/2 s. N.
Saint-Lô : depuis 1885.

DUNOIS. — H. N.
Bb. 1881. — Manche.
Par *Lavater*, 1/2 s. N., et *Minette*, 1/2 s. N.,
par The Heir-of-Linne, P. S. A.
Sa grand'mère : une 1/2 s. N., par The Caster, P. S. A.
Saint-Lô : 1885. — Castré le 3 septembre 1896.

DURHAM (approuvé). — M. Lechaptois.
B. 1881. — Orne.
Par *Unorthodox*, 1/2 s. N., et une 1/2 s. N., par Libérator, 1/2 s. A.
Saint-Lô : 1885-1896. — Réformé après la monte.

DUX (approuvé). — M. le duc de Vicence.
Al. 1880. — Normandie.
Par *Frank-Allisson*, 1/2 s. Am., et *Conquête*, 1/2 s. N.
Saint-Lô : 1891. — Pas présenté en 1894.

ÉBÉNISTE, ex-**ÉTENDARD**. — H. N.
B. 1882. — Calvados.
Par *Rigolot*, 1/2 s. N., et une fille de Conquérant, 1/2 s. N.
Saint Lô : 1887. — Castré le 28 octobre 1893.

ÉCARTÉ. — H. N.
Al. 1882. — Calvados.
Par *Végès*, *Législateur*, ou *Unique*, 1/2 s. N., et *Rosette*,
par Hick, 1/2 s. N.
Saint-Lô : depuis 1886.

ÉÇHEC, ex-**ÉMINENT**. — H. N.
B. 1882. — Orne.
Par *Urimesnil*, 1/2 s. N., et *Coquette*, par Oriental, 1/2 s. N.
Saint-Lô : depuis 1886.

ÉCHO. — H. N.
N. 1882. — Calvados.
Par *Normand*, 1/2 s. N., et *Vilna*, par Y, 1/2 s. N.
Sa grand'mère : Victoire, P. S. A.
Le Pin : depuis 1886.

ÉCLAIREUR (approuvé). — M. Grancher.
Ro. 1873. — Seine-Inférieure.
Par *Bucéphale*, 1/2 s. N., et une fille d'Ouvrier, 1/2 s. N.
Sa grand'mère : par Performer, 1/2 s. N.
Le Pin : depuis 1879.

ÉCLAIREUR. — H. N.
B. 1882. — Orne.
Par *Serpolet-Bai* ou *Marignan*, 1/2 s. N., et *Jeanne-d'Arc*, par Phaéton, 1/2 s. N.
Sa grand'mère : Gabrielle-d'Estrées, par Elu, 1/2 s. N.
Le Pin : depuis 1886.

ÉCRAN. — H. N.
B. 1882. — Manche.
Par *Sorcier*, 1/2 s. N., et une fille de Ratapoil, 1/2 s. N.
Saint-Lô : depuis 1886.

ÉCUEIL. — H. N.
Al. 1882. — Manche.
Par *Idoménée*, 1/2 s. N., et une fille de Récif, 1/2 s. N.
Sa grand'mère : par The Heir-of-Linne, P. S. A.
Saint-Lô : depuis 1886.

ÉDIGER. — H. N.
B. 1882. — Orne.
Par *Quiclet*, 1/2 s. N., et *Vénus*, par Hidalgo, 1/2 s. N.
Le Pin : 1886-1892. — Réformé.

ÉDIMBOURG. — H. N.
Bb. 1882. — Sarthe.
Par *Serpolet-Bai*, 1/2 s. N., et *Harmonie*, par Abrantès, 1/2 s. N.
Sa grand'mère : par Séducteur, 1/2 s. N.
Le Pin : depuis 1886.

ÉDREDON (approuvé).
MM. Bisson, 1886 ; J.-B. Salles, 1895.
Al. 1882. — Manche.
Par *Sénéchal*, 1/2 s. N., et une fille de Nagel, 1/2 s. N.
Saint-Lô : depuis 1886.

EGMONT (approuvé). — M. Leroy.
Al. 1882. — Manche.
Par *Uzerche*, 1/2 s. N., et une fille de Va-de-Bon-Cœur, 1/2 s. N.
Sa grand'mère : par Normand, 1/2 s. N.
Saint-Lô : depuis 1886.

ÉLAN (approuvé). — M Mauny.
B. 1882. — Orne.
Par *Serpolet-Bai*, 1/2 s. N., et *Rosière*, par Condé, 1/2 s. N.
Sa grand'mère : 1/2 s. N., par Y. Phœnomenon, 1/2 s. A.
Le Pin : depuis 1887.

ELBOURG, ex-**ÉLECTRIQUE**. — H. N.
B. 1882. — Manche.
Par *Usuel*, 1/2 s. N., et *Elisa*, par Harmonieux, 1/2 s. N.
Saint-Lô 1886. — Castré le 28 octobre 1893.

ÉLECTRO. — H. N.
B. 1882. — Orne.
Par *Urimesnil*, 1/2 s. N., et une fille de Centaure, 1/2 s. N.
Sa grand'mère : par Merlerault, 1/2 s. N.
Saint-Lô : 1886. — Castré le 7 septembre 1893.

ELSKY. — H. N.
N. 1882. — Orne.
Par *Phaëton*, 1/2 s. N., et *Négresse*, 1/2 s. N ,
par Marx, 1/2 s. R.
Sa grand'mère : 1/2 s. N., par Phœnomenon, 1/2 s. A.
Sa bisaïeule : par Voltaire, 1/2 s. N.
Le Pin : 1887-1895. — Réformé.

ÉMAIL (approuvé).
MM. J. Lebaudy 1897 ; Maassem.
Bb. 1882. — Normandie.
Par *Tigris*, 1/2 s. N., et *Rigolette II*, par Abrantès, 1/2 s. N
Le Pin : depuis 1895.

ENDORMI, ex-**ÉCUSSON**. — H. N.
Al. 1882. — Calvados.
Par *Opium*, 1/2 s. N., et *Lisette*, par Optimé, 1/2 s. N.
Le Pin : 1886-1895. — Réformé.

ÉOLE (approuvé).
MM. Lebas, 1887 ; Guillerme, 1895.
B. 1882. — Manche.
Par *Lavater*, 1/2 s. N ,et *Heir-of-Linna*, par The Heir-of-Linne, P.S.A.
Sa grand'mère : Elisa, 1/2 s. N., par Corsair, 1/2 s. A.
Saint-Lô : depuis 1887

ÉPERLAN, ex-**ÉDIMBOURG**. — H. N.
Al. 1882. — Manche.
Par *Idoménée*, 1/2 s. N., et *Parfaite*, par Divus, 1/2 s. N.
Sa grand'mère : par Junior, 1/2 s. N.
Saint-Lô : 1886. — Castré le 3 décembre 1891.

ÉPI. — H. N.
Al. 1882. — Manche.
Par *Nagel*, 1/2 s. N., et *Rosette*, par Beaumanoir, 1/2 s. N.
Sa grand'mère : par Feu-de-Joie, 1/2 s. N.
Saint-Lô : depuis 1886.

ÉPICURIEN. — H. N.
N. 1882. — Calvados.
Par *Phare*, 1/2 s. N., et *Reblot*, par Léotard, 1/2 s. N.
Sa grand'mère : par Grandiose, 1/2 s. N.
Saint-Lô : 1886. — Castré le 26 novembre 1892.

ÉPI-D'OR (approuvé). — M. Guillerme.
Al. 1882. — Normandie.
Par *Sachos*, 1/2 s. N., et *Gisèle*, P. S. A., par Royal-Quand-Même.
Saint-Lô : depuis 1886.

EPSOM (approuvé).
MM. Laumaille, 1886 ; Belloir, 1887.
B. 1882. — Manche.
Par *Shamrock*, 1/2 s. A., et une fille de Mercure, 1/2 s. N.
Sa grand'mère, par Faucon, 1/2 s. N.
Sa bisaïeule, par Borisow, 1/2 s. N.
Saint-Lô : depuis 1887.

ÉQUIVOQUE (approuvé). — M. Lechaptois.
B. 1882. — Calvados.
Par *Stade*, 1/2 s. N., et une fille de Valparaiso, 1/2 s. N.
Saint-Lô : 1886-1890. — Mort pendant la monte.

ERMITE. — H. N.
Al. 1882. — Calvados.
Par *Raifort*, 1/2 s. N., et *Coquette*, par Esculape, 1/2 s. N.
Sa grand'mère : par Abrantès, 1/2 s. N.
Saint-Lô : 1886. — Castré le 26 novembre 1892.

ESBLY, ex-**ÉTUDIANT**. — H. N.
B. 1882. — Manche.
Par *Vanikoro*, 1/2 s. N., et *Lisette*, 1/2 s. N., par Vandermulin, P. S. A.
Sa grand'mère : par Tamerlan, 1/2 s. N.
Saint-Lô : 1886. — Mort le 29 décembre 1894

ESCARD (accepté). — M. Ch. Gibon.
B. 1892. — Manche.
Par *Extra*, 1/2 s. N., et une fille de Romano, 1/2 s. N.
Saint-Lô : depuis 1896.

ESPADEM. — H. N.
B. 1882. — Manche.
Par *Lavater*, 1/2 s. N., et *Normandie*, par Conquérant, 1/2 s. N.
Sa grand'mère : par Cambacérès (approuvé), 1/2 s. N.
Saint-Lô : 1886.— Abattu le 18 août 1893.

ESPOIR. — H. N.
B. 1882. — Calvados.
Par *Tigris*, 1/2 s. N., et *Rainette*, par Normand, 1/2 s. N.
Sa grand'mère : Gitana, P. S. A.
Saint-Lô : 1886. — Abattu le 14 novembre 1895.

ESTÈPHE, ex-**ÉMIR**. — H. N.
N. 1882. — Calvados.
Par *Noville*, 1/2 s. N., et *Sultane*, par Conquérant, 1/2 s. N.
Sa grand'mère : par Jéricko, 1/2 s. N.
Saint-Lô : depuis 1886.

ÉTENDARD. — H. N.
B. 1882. — Manche.
Par *Lavater*, 1/2 s. N., et *Espérance*, 1/2 s. N., par The Heir-of-Linne, P. S. A.
Sa grand'mère : par Ursin, 1/2 s. N.
Le Pin : 1887-1891. — Mort.

ÉTIGNY. — H. N.
Al. 1882. — Calvados.
Par *Soldat*, 1/2 s. N., et *Risette*, par Jackson, 1/2 s. N.
Le Pin : depuis 1886.

ÉTINCELANT (accepté).
Approuvé, M. Delarue (1886). — Accepté, M. Albain (1896).
Al. 1882. — Manche.
Par *Romano*, 1/2 s. N., et une fille de Guelfe, 1/2 s. N.
Saint-Lô : depuis 1886.

ETNA. — H. N.
Bb. 1882. — Manche.
Par *Santerre*, 1/2 s. N., et *Cigarette*, par Désiré, 1/2 s. N.
Sa grand'mère : par Éminent, 1/2 s. N.
Le Pin : depuis 1886.

ÉTRANGER. — H. N.
Ro. 1882. — Orne.
Par *Clear-the-Way*, 1/2 s. A., et une 1/2 s. Am., par Franck.
Le Pin : depuis 1886.

ÉTUDIANT. — H. N.
B. 1882. — Orne.
Par *Uriel*, 1/2 s. N., et *Fleurie*, par Centaure, 1/2 s. N.
Sa grand'mère : par Régnier, 1/2 s. N.
Le Pin : depuis 1886.

ÉVEILLÉ, ex-**ÉMULE**. — H. N.
B. 1882. — Orne.
Par *Vougeot*, 1/2 s. N., et *Champagne*, par Illico, 1/2 s. N.
Le Pin : 1886.

EXÉAT, ex-**ÉPATANT**. — H. N.
Al. 1882. — Calvados.
Par *Soldat*, 1/2 s. N., et *La Blonde*, par Buci, 1/2 s. N.
Sa grand'mère : par Lucain, 1/2 s. N.
Saint-Lô : 1886. — Abattu le 4 août 1894.

EXPRESS. — H. N.
B. 1882. — Calvados.
Par *Normand*, 1/2 s. N., et *Junon*, par Ignace, 1/2 s. N.
Sa grand'mère : par Umber, 1/2 s. N.
Le Pin : depuis 1886.

EXTRA. — H. N.
B. 1882. — Calvados.
Par *Templier*, 1/2 s. N., et *Reblot*, par Léotard, 1/2 s. N.
Sa grand'mère : par Séducteur, 1/2 s. N.
Saint-Lô : 1886. — Castré le 18 août 1894.

FABRICANT, ex-**FINOT**. — H. N
B. 1883. — Orne.
Par *Usquebac* ou *Quiclet*, 1/2 s. N., et *Miss-Belle*, par Utrecht, 1/2 s. N.
Sa grand'mère : par Général, 1/2 s. N.
Saint-Lô : 1887. — Castré le 18 août 1894.

FABULEUX, ex-**FAMEUX**. — H. N.
B. 1883. — Calvados.
Par *Phare*, 1/2 s. N., et *Bijou*, par Unau, 1/2 s. N.
Saint-Lô : 1887. — Castré le 25 janvier 1897.

FACTEUR (approuvé).
MM. du Châtel, 1887 ; H. Brissel, 1891.
B. 1883. — Normandie.
Par *Thorigny*, 1/2 s. N., et une fille d'Arthur, 1/2 s. N.
Saint-Lô : depuis 1887.

FAISAN. — H. N.
Al. 1883. — Sarthe.
Par *Phaëton*, 1/2 s. N., et *Ma-Mie*, par Hippocrate, 1/2 s. N.
Le Pin : depuis 1887.

FANFAN. — H. N.
Bb. 1883. — Sarthe.
Par *Serpolet-Bai*, 1/2 s. N., et *Rhéa-Sylvia*, par Quiclet, 1/2 s. N.
Sa grand'mère : Miss-Sloss, par Elu, 1/2 s. N.
(Voir : S. B. N., Tome Ier, page 91.)
Saint-Lô : 1887. — Castré le 19 août 1892.

FANION, ex-**FLERS.** — H. N.
Al. 1883. — Manche.
Par *Ministère*, P. S. A., et *Ugolin*, par Ugolin, 1/2 s. N.
Sa grand'mère: une 1/2 s. N., par Paladin, P. S. A.
Sa bisaïeule: par Talleyrand, 1/2 s. N.
Saint-Lô : 1887. — Castré le 19 août 1892

FANTÔME. — H. N.
B. 1883. — Sarthe.
Par *Quiclet*, 1/2 s. N., et *Alma*, par Parthénon, 1/2 s. N.
Sa grand'mère: par Général, 1/2 s. N.
Sa bisaïeule: N., 1/2 s. N., par Y. Superior, 1/2 s. Irl.
Saint-Lô : 1887. — Castré le 3 décembre 1891.

FARNBOROUGH. — H. N.
Al. 1883. — Normandie.
Par *Avant-Tous*, 1/2 s. N., et *Lisette*, par Enragé, 1/2 s. N.
Sa grand'mère : par Inkermann, 1/2 s. N.
Saint-Lô : 1887. — Castré le 27 août 1897.

FARNÈSE, ex-**FRANC-CŒUR.** — H. N.
B. 1883. — Calvados.
Par *Archiduc*, 1/2 s. N., et *Eclatante*, par Washington, 1/2 s. Al.
Sa grand'mère : par Niger, 1/2 s. N.
Saint-Lô : depuis 1887.

FARO (accepté). — M. le Cacheux.
Bb. 1893. — Manche.
Par *Alpaga*, 1/2 s. N., et *Mouvette*, 1/2 s. N.
Saint-Lô : depuis 1897.

FAUCONNET (approuvé).
MM. Lebrun, 1880 ; Renault, 1893.
B. 1876. — Manche.
Par *Faucon*, et une fille de Quinine, 1/2 s. N.
Saint-Lô : 1880-1895. — Réformé après la monte.

FAVORI (approuvé).
MM. Gost, 1887 ; de Tesson, 1891.
Bb. 1883. — Calvados
Par *Acquila*, 1/2 s. N., et une fille de Lavater, 1/2 s. N.
Sa grand'mère : 1/2 s. N., par The Heir of-Linne, 1/2 s. A.
Le Pin : 1887. — Saint-Lô : depuis 1891.

FERBLANTIER, ex-**FRANC-MAÇON**. — H. N.
B. 1883. — Calvados.
Par *Phare*, 1/2 s. N., et *Ribaude*, par Ribaud, 1/2 s. N.
Sa grand'mère : fille de Dragon, P. S. A.
Le Pin : 1887-1894. — Réformé.

FERNEY (approuvé). — M. Le Goupil.
B. 1877. — Manche.
Par *Voltaire*, 1/2 s. N., et une fille de Volte-Face, 1/2 s. N.
Saint-Lô : 1882-1893 — Réformé après la monte.

FÉVRIER, ex-**FRANC-CŒUR**. — H. N.
Bb. 1883. — Manche.
Par *Tempête*, 1/2 s. N., et *Volante*, par Volant, 1/2 s. N.
Sa grand'mère : par Sir Henry, 1/2 s. A.
Le Pin : 1887. — Réformé en 1895.

FIER-À-BRAS. — H. N.
N. 1883. — Calvados.
Par *Niger*, 1/2 s. N., et *Arlette*, par Normand, 1/2 s. N.
Sa grand'mère : par Conquérant, 1/2 s N.
Le Pin : depuis 1888.

FIGURANT. — H. N.
B. 1883. — Manche.
Par *Shiller*, 1/2 s. N., et *Fillette*, par Daniel, 1/2 s. N.
Saint-Lô : 1887. — Abattu le 9 août 1895.

FILATEUR, ex-**FÉLIN**. — H. N.
Bb. 1883. — Manche.
Par *Utrecht*, 1/2 s. N., et *Rosette*, par Lansborn, 1/2 s. N.
Saint-Lô : 1887. — Castré le 27 août 1897.

FINANCIER (approuvé). — M. P. Leméteyer.
B. 1883. — Calvados.
Par *Turco* ou *Renémesnil*, 1/2 s. N., et une fille de Soldat, 1/2 s. N.
Sa grand'mère : par Estafette, 1/2 s. N.
Saint-Lô : depuis 1887.

FLAMBARD (approuvé). — M Herbert.
Al. 1885. — Manche.
Par *Shamrock*, 1/2 s. A., et *Élégante*, par Silhouette, 1/2 s. N.
Sa grand'mère : par Macouba, 1/2 s. N.
Saint-Lô : 1890-1893. — Réformé après la monte.

FLANC. — H. N.
Gr. 1883. — Calvados.
Par *Jackson*, 1/2 s. A., et *Rossignol*, par Cotterel, 1/2 s. N.
Le Pin : 1887-1893. — Réformé.

FLORENTINO. — H. N.
Bb. 1883. — Orne.
Par *Valdempierre* et *Conquérante*, par Conquérant, 1/2 s. N.
Saint-Lô : 1887. — Castré le 28 octobre 1893.

FLORIDOR (approuvé) — M. Roussel.
B. 1892. — Manche.
Par *Impérieux*, 1/2 s. N., et une fille de Daniel, 1/2 s. N.
Saint-Lô : depuis 1896.

FLORIDOR, ex-**FRANSCISCAIN**. — H. N.
B. 1883. — Manche.
Par *Quickly*, 1/2 s. N., et *Bijou*, par Beaumanoir, 1/2 s. N.
Sa grand'mère, par Lion d'Or, 1/2 s. N.
Sa bisaïeule, par Centaure, 1/2 s. N.
Saint-Lô : depuis 1887.

FOL-ESPOIR. — H. N.
B. 1883. — Manche.
Par *Idoménée*, 1/2 s. N., et *Favorite*, 1/2 s. N., par Pretty-Boy, P. S. A.
Sa grand'mère : par Lagopède, 1/2 s. N.
Saint-Lô : 1887. — Castré le 29 décembre 1890.

FOLLET. — H. N.
B. 1883. — Calvados.
Par *Camembert*, P. S. A., et *Verveine*, par Valdemar, 1/2 s. N.
Sa grand'mère : par Lacour, 1/2 s. N.
Saint-Lô : depuis 1887.

FONTAINEBLEAU. — H. N.
N. 1883. — Calvados.
Par *Tigris*, 1/2 s. N., et *Lœtitia*, par Idoménée, 1/2 s. N.
Sa grand'mère : N., 1/2 s. N., par Eylau, P. S. A.-A.
Saint-Lô : depuis 1887.

FONTENAY (accepté). — M. Lefey.
B. 1884. — Manche.
Par *Quarteron*, 1/2 s. N., et une fille de Fontenay, 1/2 s. N.
Saint-Lô : 1895-1896. — Pas présenté.

FONTENAY. — H. N.
B. 1883. — Calvados.
Par *Tigris*, 1/2 s. N., et *Coquette*, par Renémesnil, 1/2 s. N.
Sa grand'mère : par Libérator, 1/2 s. A.
Saint-Lô : depuis 1888.

FORBACH, ex-**FRIEDLAND.** — H. N.
B. 1883. — Orne.
Par *Oriental*, 1/2 s. N., et *Marquise*, par Taconnet, 1/2 s. N.
Sa grand'mère : par Centaure, 1/2 s. N.
Saint-Lô : 1887. — Castré le 26 novembre 1892.

FORBAN, ex-**FONDATEUR.** — H. N.
B. 1883. — Manche.
Par *Ministère*, P. S. A., et *Belle-de-Jour*, par Ignoré, 1/2 s. N.
Sa grand'mère : par Egésippe.
Saint-Lô : depuis 1887.

FORBAN (approuvé). — Mme Ve Lereculey.
Al. 1883. — Manche.
Par *Sorcier*, 1/2 s. N., et *La Belle*, par Imposteur, 1/2 s. N.
Sa grand'mère : par Elu, 1/2 s. N.
Saint-Lô : depuis 1887.

FORESTIER, ex-**FAVEROLLES.** — H. N.
B. 1883. — Calvados.
Par *Renémesnil*, 1/2 s. N., et *Odine*, 1/2 s. N.,
par Libérator, 1/2 s. A.
Sa grand'mère : par Diadème, 1/2 s. N.
Saint-Lô : 1887. — Castré le 23 août 1895.

FORGEUR. — H. N.
B. 1883. — Calvados.
Par *Arpenteur* ou *Vera-Cruz*, 1/2 s. N., et *Gazelle*, par Noville, 1/2 s. N.
Sa grand'mère : par Tamerlan, 1/2 s. N.
Saint-Lô : 1887. — Castré le 16 décembre 1894.

FOURNICHON. — H. N.
B. 1883. — Calvados.
Par *Tigris*, 1/2 s. N., et *Délurée*, par Ovide, 1/2 s. N.
Sa grand'mère : par Argus, 1/2 s. N.
Saint-Lô : 1887. — Castré le 23 août 1895.

FRANCISQUE (approuvé). — M. R. d'Abzac.
Al. 1883. — Manche.
Par *Ujiji*, 1/2 s. N., et une fille d'Invariable, 1/2 s. N.
Le Pin : depuis 1888.

FRED-ARCHER. — H. N.
B. 1883. — Calvados.
Par *Normand*, 1/2 s. N., et *Verveine*, par Noville, 1/2 s. N.
Sa grand'mère : Vilna, par Y., 1/2 s. N.
Sa bisaïeule : Victoire, par un P. S. A.
Saint-Lô : depuis 1888.

FREIN. — H. N.
B. 1883. — Manche.
Par *Orphée*, 1/2 s. N., et *Moutonne*, par Harmonieux, 1/2 s. N.
Le Pin : depuis 1887.

FRIPON. — H. N.
B. 1883. — Manche.
Par *Attrayant*, 1/2 s. N., et *Kabine*, par Kabin, 1/2 s. N.
Sa grand'mère : par Beaumarchais, 1/2 s. N.
Saint-Lô : 1887. — Castré le 9 novembre 1897.

FRONDEUR. — H. N.
Bb. 1883. — Orne.
Par *Valdempierre*, 1/2 s. N., et *Zéphirine*, par Kilomètre, 1/2 s. N.
Sa grand'mère : par Moteur, 1/2 s. N.
Saint-Lô : depuis 1887.

FRONSAC. — H. N.
B. 1883. — Calvados.
Par *Arsace*, 1/2 s. N., et une fille de Tamerlan, 1/2 s. N.
Sa grand'mère : par Jay, 1/2 s. N.
Saint-Lô : 1887. — Castré le 3 septembre 1896.

FRONTIGNAN. — H. N.
Bb. 1888. — Manche.
Par *Lavater*, 1/2 s. N., et *Souvenir*, 1/2 s. N., par Souvenir P. S. A.
Sa grand'mère : par Hussein, 1/2 s. N.
Sa bisaïeule : par Sir Henry, 1/2 s. N.
Sa trisaïeule : par Pégase, 1/2 s. N.
Sa quadrisaïeule : par Paternel, 1/2 s. N.
Saint-Lô : 1887. — Castré le 26 novembre 1892.

FRONTON. — H. N.
Al. 1883. — Calvados.
Par *Templier*, 1/2 s. N., et *Rapide*, par Idoménée, 1/2 s. N.
Sa grand'mère : par Sackos, 1/2 s. N.
Saint-Lô : 1887. — Castré le 7 septembre 1893.

FULMINANT. — H. N.
B. 1883. — Manche.
Par *Quality*, 1/2 s N., et *Volante*, par Nicanor, 1/2 s. N.
Sa grand'mère : par Fire-Away, 1/2 s. A.
Saint-Lô : 1887. — Castré le 24 novembre 1896.

FUMET. — H. N.
Bb. 1883. — Manche.
Par *Aristocrate*, 1/2 s. N., et *Espérance*, par Phare, 1/2 s. N.
Sa grand'mère : par Urus, 1/2 s. N.
Le Pin : depuis 1887.

FUNAMBULE, ex-**FEUILLAGE**. — H. N.
B. 1883. — Calvados.
Par *Phare*, 1/2 s. N., et *Lisette*, par Quintus, 1/2 s. N.
Sa grand'mère : par Léotar, 1/2 s. N.
Saint-Lô : 1887. — Castré le 19 août 1892.

FURIEUX (approuvé). — M. Lecanu.
Al. 1883. — Manche.
Par *Théodoros*, P. S. A., et une fille de Feu-de-Joie, 1/2 s. N.
Sa grand'mère : par Victorieux, 1/2 s. N.
Sa bisaïeule : par Assault, P. S. A.
Saint-Lô : depuis 1887.

FUSCHIA. — H. N.
B. 1883. — Manche.
Par *Reynolds*, 1/2 s. N., et *Rêveuse*, par Lavater, 1/2 s. N.
Sa grand'mère : Sympathie, P. S. A.
Le Pin : depuis 1889.

GAILLON, ex-**GÉDÉON**. — H. N.
Al. 1884. — Calvados.
Par *Alpha*, 1/2 s. N., et *Coquette*, par Egésippe, 1/2 s. N.
Sa grand'mère : par Kapirat, 1/2 s. N.
Saint-Lô : 1888. — Castré le 22 août 1890.

GALANT I. — H. N.
B. 1884. — Orne.
Par *Uriel*, 1/2 s. N., et *Coquette*, par Faust, 1/2 s. N.
Sa grand'mère : Hélène, par Héliotrope, 1/2 s. N.
Sa bisaïeule : par Kramer, 1/2 s. N.
Saint-Lô : 1889. — Castré le 3 septembre 1896.

GALANT II. — H. N.
B. 1884. — Orne.
Par *Uriel*, 1/2 s. N., et *Yvonne*, 1/2 s. N., par Faust, P. S. A.
Sa grand'mère : par Noteur, 1/2 s. N.
Le Pin : depuis 1889.

GALBA. — H. N.
Al. 1884. — Sarthe.
Par *Phaëton*, 1/2 s. N., et *Fleur-de-Genêt*, par Gall, 1/2 s. N.
Sa grand'mère : par Inkermann, 1/2 s. N.
Sa bisaïeule : par Tipple-Cider, P. S. A.
Le Pin : depuis 1888.

GALLIEN (approuvé). — M. Ed. Gamare.
N. 1884. — Calvados.
Par *Noville*, 1/2 s. N., et une fille de Conquérant, 1/2 s. N.
Sa grand'mère : Yelva, 1/2 s. N., par The Norfolk-Phaenomenon, 1/2 s. A.
Le Pin : depuis 1888.

GAMÉLIA. — H. N.
Al. 1884. — Manche.
Par *Macouba*, 1/2 s. N., et *Lisette*, 1/2 s. N., par Thym, 1/2 s. N.
Sa grand'mère : par Rossignol, 1/2 s. N.
Saint-Lô : 1889. — Castré le 7 septembre 1893.

GARDANNE. — H. N.
B. 1884. — Manche.
Par *Siroc*, 1/2 s. N., et *Rapide*, par Y. William, 1/2 s. N.
Saint-Lô : 1888. — Castré le 26 novembre 1892.

GASPARIN. — H. N.
Al. 1884. — Manche.
Par *Agrippa*, 1/2 s. N., et *Belle-de-Jour*, par Quickly, 1/2 s. N.
Sa grand'mère : par Beaumanoir, 1/2 s. N.
Saint-Lô : 1888. — Castré le 7 septembre 1893.

GASTADOUR. — H. N.
B. 1884. — Orne.
Par *Phaëton*, 1/2 s. N., et *Corantine*, par Quiclet, 1/2 s. N.
Sa grand'mère : par Inkermann, 1/2 s. N.
Le Pin : depuis 1888.

GAVESTON. — H. N.
B. 1884. — Manche.
Par *Vendôme*, 1/2 s. N., et *Fanny*, par Kabin, 1/2 s. N.
Sa grand'mère : par Victorieux, 1/2 s. N.
Le Pin : depuis 1888.

GÉNÉREUX (approuvé). — M. Quesnel.
Bb. 1884. — Calvados.
Par *Phare*, 1/2 s. N., et *Uzéline*, par Uzel, 1/2 s. N.
Sa grand'mère : 1/2 s. N., par Isolier, P. S. A.
Saint-Lô : depuis 1888. — Pas présenté pour la monte en 1893.

GENÊT. — H. N.
B. 1884.— Manche.
par *Aristocrate*, 1/2 s. N., et *Jolie-Enfant*, 1/2 s. N., par Lozenge, P. S. A.
Sa grand'mère : par Dictator, 1/2 s. N.
Sa bisaïeule : par Corsair, 1/2 s. A.
Saint-Lô : 1888. — Castré le 28 octobre 1893.

GEORGES (approuvé). — M. Legoupil.
B. 1882 — Manche.
Par *Vigilant*, 1/2 s. N., et une fille de Volte-Face, 1/2 s. N.
Saint-Lô : depuis 1886.

GÉRARDMER. — H. N.
B. 1884. — Manche.
Par *Tempête*, 1/2 s. N., et *Volante*, par Volant, 1/2 s. N.
Sa grand'mère : 1/2 s. N., par Sir-Henry, 1/2 s. A.
Le Pin : depuis 1888.

GERMINAL. — H. N.
B. 1884. — Manche.
Par *Reynolds*, 1/2 s. N., et *Poulot*, par Quotient, 1/2 s. N.
Sa grand'mère : par Ursin, 1/2 s. N.
Saint-Lô : depuis 1888.

GIBRALTAR. — H. N.
B. 1884. — Manche.
Par *Beautiful*, 1/2 s. N., ou *Siroc*, 1/2 s. N., et *Sans-Tache*, par Ugolin, 1/2 s. N.
Sa grand'mère, par Pledge, 1/2 s. N.
Saint-Lô : depuis 1888.

GIL-BLAS. — H. N.
B. 1884. — Manche.
Par *Lavater*, 1/2 s. N., et *Vigie*, 1/2 s. N., par Gabier, P. S. A.
Sa grand'mère : par Egésippe, 1/2 s. N.
Sa bisaïeule : par Lagopède, 1/2 s. N.
Saint-Lô : 1888. — Castré le 25 janvier 1897.

GIL-PÉREZ. — H. N.
Bb. 1884. — Calvados.
Par *Dictateur*, 1/2 s. N., et *La Dive*, par Niger, 1/2 s. N.
Le Pin : 1888-1891. — Réformé.

GINGEOLET (accepté). — M. Lesaulnier.
B. 1891. — Manche.
Par *Tempête*, 1/2 s. N., et *Poulette*, 1/2 s. N.
Saint-Lô : 1895-1896. — Pas présenté.

GITANO (approuvé).
MM. Gost, 1890; M. Lechaptois, 1891.
B. 1884. — Manche.
Par *Lavater*, 1/2 s. N., et *Manche*, par Regnard, 1/2 s. N.
Sa grand'mère, par The Heir-of-Linne, P. S. A.
Le Pin : 1890. — Saint-Lô : depuis 1891.

GITANO. — H. N.
B. 1884. — Orne.
Par *Un*, 1/2 s. N., et *Suzette*, par Kilomètre, 1/2 s. N.
Sa grand'mère : par Jéricko, 1/2 s. N.
Le Pin : 1889. — Mort en 1891.

GLANEUR. — H. N.
N. 1884. — Orne.
Par *Valdempierre*, 1/2 s. N., et *Fille-de-Cœur*, 1/2 s. N., par Phænomenon, 1/2 s. A.
Sa grand'mère, Dame-de-Cœur, 1/2 s. N., par Wildfire, 1/2 s. A.
Le Pin : depuis 1889.

GLANEUR (accepté). — M. Lemonnier.
B. 1890. — Calvados.
Par *Cherbourg*, 1/2 s. N., et *Bacchante*, par Niger, 1/2 s. N.
Le Pin : depuis 1895.

GLOCESTER, ex-**GÉDÉON**. — H. N.
B. 1884. — Manche.
Par *Usuel*, 1/2 s. N., et *Poulot*, par Agenda, 1/2 s. N.
Sa grand'mère, par Etendard, 1/2 s. N.
Saint-Lô : 1888. — Castré le 3 septembre 1896.

GONDOLIER (accepté). — M. Fontenier.
N. 1891. — Normandie.
Par *Galba*, 1/2 s. N., et une fille de Train-Poste, 1/2 s. N.
Saint-Lô : depuis 1897.

GONZAGUE, ex-**GARÇONNET**. — H. N.
B. 1884. — Manche.
Par *Agnadel*, 1/2 s. N., et *Poulette*, par O'Connel, 1/2 s. N.
Sa grand'mère, par Corsair, 1/2 s. A.
Le Pin : depuis 1888.

GORDON (approuvé).
MM. Richard, 1888 ; Morcel, 1888.
B. 1884. — Eure.
Par *Tigris*. 1/2 s. N., et une 1/2 s. N., par Affidavit, P. S. A.
Sa grand'mère, par Usager, 1/2 s. N.
Saint-Lô : 1888-1897. — Dans la circonscription d'Angers.

GORENFLOT. — H. N.
B. 1884. — Calvados.
Par *Opium* et *Coquette*, par Million, 1/2 s. N.
Sa grand'mère : par Régnier, 1/2 s. N.
Le Pin : depuis 1888.

GOUDRON, ex-**GAËTAN**. — H. N.
B. 1884. — Manche.
Par *Aveyron*, 1/2 s. N., et *Lisette*, par Villiers, 1/2 s. N.
Sa grand'mère : par Régulier, 1/2 s. N.
Saint-Lô : depuis 1888.

GOURMET. — H. N.
Al. 1884. — Manche.
Par *Alsacien*, 1/2 s. N., et *Finette*, 1/2 s. N., par Bravo, P. S. A.
Sa grand'mère : par Camisard, 1/2 s. N.
Saint-Lô : 1888. — Mort le 20 septembre 1895

GRAFT. — H. N.
B. 1884. — Manche.
Par *Alsacien* ou *Sénéchal*, 1/2 s. N., et *Corvette*, 1/2 s. N., par Shamyl, 1/2 s. L.
Sa grand'mère : par Paternel, 1/2 s. N.
Saint-Lô : 1888. — Castré le 3 décembre 1891.

GRAND-MAÎTRE. — H. N.
B. 1884. — Orne.
Par *Barrabas*, 1/2 s. N., et *Séduisante*, par Palanquin, 1/2 s. N., ou Tributaire, 1/2 s. N.
Sa grand'mère : par Buci, 1/2 s. N.
Sa bisaïeule : par Aï, 1/2 s. N.
Saint-Lô : depuis 1888.

GRANIER. — H. N.
N. 1884. — Calvados.
Par *Phare*, 1/2 s. N., et *Rapide*, par Ugolin, 1/2 s. N.
Sa grand'mère : par Séduisant, 1/2 s. N.
Le Pin : depuis 1888.

GREC. — H. N.
Bb. 1884. — Manche.
Par *Bataillon*, 1/2 s. N., et *Cocotte*, par Bandit, 1/2 s. N.
Saint-Lô : depuis 1888.

GRICHE-MIDI. — H. N.
Bb. 1884. — Orne.
Par *Usquebac* ou *Quiclet*, 1/2 s. N., et *Artisane*, par Niger, 1/2 s. N.
Sa grand'mère : par Destin, 1/2 s. N.
Saint-Lô : 1888. — Le Pin (école des Haras), 12 novembre 1892.

GUERROYEUR. — H. N.
B. 1884. — Manche.
Par *Ministère*, P. S. A., et *Pimpante*, par Régnard, 1/2 s. N.
Sa grand'mère : par Séduisant, 1/2 s. N.
Saint-Lô : depuis 1888.

GUINGAMP (approuvé).
M. Allain, 1888. — M. P. Alexandre, 1891.
Bb. 1884. — Manche.
Par *Alsacien*, 1/2 s. N., et *Lisette*, par Dictateur, 1/2 s. N.
Sa grand'mère : par Rivoli, 1/2 s. N.
Saint-Lô : 1888-1895. — Vendu après la monte.

GUSMAN. — H. N.
B. 1884. — Manche.
Par *Uzerche*, 1/2 s. N., et *Orpheline*, par Kent, 1/2 s. N.
Le Pin : depuis 1888. — Réformé en 1895.

HABÉO, ex-**HORACE**. — H. N.
B. 1885. — Orne.
Par *Usquebac*, 1/2 s. A., et *Alma*, par Jéricko, 1/2 s. N.
Saint-Lô : 1889. — Castré le 3 décembre 1891.

HADGY II (accepté). — M. Epinette.
N. 1888. — Orne.
Par *Hadgy*, 1/2 s. Ar., et une fille de Tambour, 1/2 s. N.
Le Pin : depuis 1897.

HADING, ex-**HORACE**. — H. N.
B. 1885. — Manche.
Par *Ministère*, P. S. A., et *Léotard*, par Léotard, 1/2 s. N.
Sa grand'mère : par Violent, 1/2 s. N.
Saint-Lô : depuis 1889.

HAÏTI. — H. N.
B. 1885. — Calvados.
Par *Valparaiso*, 1/2 s. N., et *Elisabeth*, par Lucullus, 1/2 s. N.
Sa grand'mère : par Tamerlan, 1/2 s. N.
Saint-Lô : 1889. — Castré le 26 novembre 1892.

HALIFAX (approuvé).
M. Bisson, 1889. — M. Ed. Bédard, 1895.
B. 1885. — Calvados.
Par *Tourville*, 1/2 s. N., et *Julie*, par John, 1/2 s. N.
Saint-Lô : depuis 1889.

HALLALI. — H. N.
B. 1885. — Manche.
Par *Lavater*, 1/2 s. N., et *Allumette*, par The Heir-of-Linne, P. S. A.
Sa grand'mère : Kindler, 1/2 s. N., par Eylau, P. S. A.-A.
Sa bisaïeule : Kindler, jument anglaise.
Saint-Lô : depuis 1889.

HALLENCOURT. — H. N.
Bb, 1885. — Orne.
Par *Dictateur*, 1/2 s. N., et *Ida*, par Niger, 1/2 s. N.
Sa grand'mère : Esméralda, par Elu, 1/2 s. N.
Sa bisaïeule : Alphérie, 1/2 s. N , par Fitz-Pantaloon, P. S. A.
Sa trisaïeule : Ida II, 1/2 s. N., par William, P. S. A.
Sa quadrisaïeule : Ida Ire, par Basly, 1/2 s. N.
Le Pin : depuis 1890.

HAMARS (accepté). — M. Jouanne.
B. 1885. — Manche.
Par *Viveur*, 1/2 s. N., et une fille d'Orphée, 1/2 s. N.
Saint-Lô : 1895. — Pas présenté en 1896.

HANOVRE. — H. N.
Bb. 1885. — Manche.
Par *Vautrain*, 1/2 s. N., et *Mignonne*, par Spectre, 1/2 s. N.
Sa grand'mère : par O'Connell, 1/2 s. N.
Saint-Lô : 1889. — Castré le 3 septembre 1896.

HARDINVAST, ex-**HASTINGS**. — H. N.
Al. 1885. — Manche.
Par *Alsacien*, 1/2 s. N., et *Lisette*, par Rivoli, 1/2 s. N.
Saint-Lô : 1889. — Castré le 28 octobre 1893.

HARDY. — H. N.
B. 1880. — Seine-Inférieure.
Par *Normand*, 1/2 s. N., ou *Y. Quick-Silver*, 1/2 s. A., et *L'Abbaye*, par Ouvrier, 1/2 s. N.
Le Pin : depuis 1888.

HARFLEUR (approuvé). — M. Lebeurrier.
Al. 1885. — Orne.
Par *Gabier*, P. S. A., et une fille de Jactator, 1/2 s. N.
Saint-Lô : depuis 1889.

HARLEY. — H. N.
N. 1885. — Calvados.
Par *Phaëton*, 1/2 s. N., et *Turlurette*, par Normand, 1/2 s. N.
Sa grand'mère : Niska, par Ignace, 1/2 s. N.
Sa bisaïeule : N., par Usager, 1/2 s. N.
Sa trisaïeule : N., par Dorus, 1/2 s. N.
Saint-Lô : depuis 1891.

HARMONIEUX (approuvé). — M. Lepailleur.
B. 1885. — Calvados.
Par *Cordebugle*, 1/2 s. N., et une fille de Seymour, 1/2 s. N.
Saint-Lô : depuis 1890.

HAROLD. — H. N.
Bb. 1885. — Manche.
Par *Spectre*, 1/2 s. N., et *Volante*, par Nicanor, 1/2 s. N.
Sa grand'mère : 1/2 s. N., par Fire-Away, 1/2 s. A.
Le Pin : depuis 1889.

HARPON (approuvé). — M. Pierre.
B. 1884. — Calvados.
Par *Colporteur*, 1/2 s. N., et une fille de Séduisant, 1/2 s. N.
Saint-Lô : depuis 1891. — N'a pas fait la monte de 1893.

HASTINGS. — H. N.
B. 1885. — Manche.
Par *Président*, 1/2 s. N., et *La Poule*, par Ménélas, 1/2 s. N.
Le Pin : 1889. — Réformé en 1895.

HAUTAIN (approuvé). — M. Lemonnier.
N. 1892. — Calvados.
Par *Tigris*, 1/2 s. N., et *Ethel-Maries*, P. S. A.
Le Pin : 1896-1897. — Non approuvé.

HAVAS, ex-**HARDI**. — H. N.
Bb. 1885. — Orne.
Par *Valdempierre*, 1/2 s. N., et *Mondragore*, par Niger, 1/2 s. N.
Sa grand'mère : par Taconnet, 1/2 s. N.
Le Pin : depuis 1889.

HEADER. — H. N.
B. 1885. — Manche.
Par *Ray-Grass*, 1/2 s. N., et une fille d'Ugolin, 1/2 s. N.
Sa grand'mère : une 1/2 s. N., par Auguste, P. S. A.
Saint-Lô : 1889. — Castré le 18 août 1894.

HEARTY. — H. N.
B. 1885. — Manche.
Par *Thabor*, 1/2 s. N., et *Lisa*, par Pharo.
Sa grand'mère : par Impérial, 1/2 s. N.
Saint-Lô : 1889. — Mort le 15 septembre 1892.

HEAUME. — H. N.
B. 1885. — Calvados.
Par *Clodomir*, 1/2 s. N., et *Lisette*, par Léotard, 1/2 s. N.
Saint-Lô : 1889. — Castré le 3 septembre 1896.

HÉCLA. — M. Hervieux, 1889. — H. N., depuis 1890.
Bb. 1885. — Calvados.
Par *Valdempierre*, 1/2 s. N., et *Peschiera*, par Extase, 1/2 s. N.
Sa grand'mère : par Conquérant, 1/2 s. N.
Le Pin : depuis 1889.

HELDER (approuvé). — M. Lebel.
Bb. 1885. — Manche.
Par *Aristocrate*, 1/2 s. N., et une fille de Surveillant, 1/2 s. N.
Sa grand'mère : par Extase, 1/2 s. N.
Saint-Lô : 1889-1896. — Mort pendant la monte.

HERCULE-NORMAND. — H. N.
N. 1885. — Calvados.
Par *Tigris*, 1/2 s. N., et *Commère*, par Normand, 1/2 s. N.
Sa grand'mère : par Conquérant, 1/2 s. N.
Le Pin : depuis 1890.

HÉRITIER. — H. N.
Al. 1885. — Manche.
Par *Macouba*, 1/2 s. N., et *Dorade*, 1/2 s. N., par Shamrock, 1/2 s. N.
Sa grand'mère : par Quasi, 1/2 s. N.
Sa bisaïeule : par Eminent, 1/2 s. N.
Saint-Lô : depuis 1889.

HERMANN. — M. P. Grente, 1889. — M. Bon, 1894.
B. 1885. — Normandie.
Par *Attila*, 1/2 s. N., et une fille de Lavater, 1/2 s. N.
Sa grand'mère : par The Heir-of-Linne, P. S. A.
Saint-Lô : depuis 1889.

HÉRODE. — H. N.
Bb. 1885. — Orne.
Par *Barrabas*, 1/2 s. N., et *La Grisière*, par Séducteur, 1/2 s. N.
Sa grand'mère : Héroïne, P. S. A., par Gladiator.
Le Pin : 1890. — Réformé en 1890.

HÉRODE. — H. N.
Al. 1891. — Calvados.
Par *Fuschia*, 1/2 s. N., et *Niobé*, par Phaéton, 1/2 s. N.
Sa grand'mère : Patrie, 1/2 s. N., par Y. Quick-Silver, 1/2 s. A.
Sa bisaïeule : Rigolette, par Bayard, 1/2 s. N.
Saint-Lô : depuis 1895.

HÉRON (approuvé). — Mme Ve Lereculey.
B. 1885. — Manche.
Par *Alsacien*, 1/2 s. N., et une 1/2 s. N., par Bravo, 1/2 s. A.
Sa grand'mère : par Ignoré, 1/2 s. N.
Saint-Lô : depuis 1889.

HETMAN. — H. N.
Al. 1891. — Calvados.
Par *Fuschia*, 1/2 s. N., et *Nacelle*, par Phaéton, 1/2 s. N.
Le Pin : depuis 1895.

HEXAMÈTRE, ex-**HARCOURT**. — H. N.
N. 1885. — Orne.
Par *Sir-Quid-Pigtail*, P. S. A., ou *Gédéon*, P. S. A., et *Juana*, par Lavater, 1/2 s. N.
Sa grand'mère : Orientale, par Quaker, 1/2 s. A.
Sa bisaïeule : par Succès, 1/2 s. N.
Sa trisaïeule : Elisa, 1/2 s. N., par Corsair, 1/2 s. A.
Sa quadrisaïeule : Elise, 1/2 s. N., par Marcellus, P. S. A.
Saint-Lô : depuis 1889.

HIER, ex-**HONORABLE**. — H. N.
Al. 1885. — Manche.
Par *Idoménée*, 1/2 s. N., et *Orientale*, par Jackson, 1/2 s. N.
Sa grand'mère : par Hussein, 1/2 s. N.
Sa bisaïeule : par Ugolin, 1/2 s. N.
Sa trisaïeule : par Electeur, 1/2 s. N.
Saint-Lô : 1889. — Castré le 3 décembre 1891.

HIGHT (approuvé). — M. Veugeon.
Bb. 1885. — Calvados.
Par *Seymour*, 1/2 s. N., et une fille de Reynolds, 1/2 s. N.
Sa grand'mère : Lisette, 1/2 s. N., par Washington, 1/2 s. Al.
Saint-Lô : depuis 1889.

HILAIRE (approuvé). — M. Lechaptois.
B. 1888. — Normandie.
Par *Fulminant*, 1/2 s. N., et *N.*, par Vert-Galant, 1/2 s. N.
Saint-Lô : depuis 1892. — Pas présenté pour la monte de 1893.

HIMALAYA. — H. N.
Al. 1885. — Orne.
Par *Calchas*, 1/2 s. N., et *Cornélie*, par Usquebac, 1/2 s. N.,
Sa grand'mère : par Hidalgo, 1/2 s. N.
Le Pin : depuis 1889.

HOCHET, ex-**HYPOTHÈSE**. — H. N.
Bb. 1885. — Manche.
Par *Courtomer*, 1/2 s. N., et une fille de Kabin, 1/2 s. N.
Saint-Lô : 1890. — Castré le 29 décembre 1890.

HOMARD. — H. N.
Bb. 1885. — Calvados.
Par *Tigris*, 1/2 s. N., et *Diva*, par Normand, 1/2 s. N.
Sa grand'mère : par Miss-Mowbray. P. S. A.
Le Pin : depuis 1890.

HONFLEUR. — H. N.
B. 1885. — Calvados.
Par *Valencourt*, 1/2 s. N., et *Marjolaine*, par Conquérant, 1/2 s. N.
Saint-Lô : 1889. — Abattu le 24 août 1896.

HONGROIS. — H. N.
B. 1885. — Calvados.
Par *Renémesnil*, 1/2 s. N., et *Lisa*, par Esculape, 1/2 s. N.
Le Pin : 1889-1891. — Réformé.

HONORABLE (approuvé). — M. Mette.
Al. 1885. — Calvados.
Par *Barberousse*, 1/2 s. N., et une fille de Kabin, 1/2 s. N.
Sa grand'mère : par Lucullus, 1/2 s. N.
Saint-Lô : depuis 1889.

HOSPODAR (approuvé). — M. Vendel.
Al. 1885. — Normandie.
Par *Gabier*, 1/2 s. A., et une fille de Jactator, 1/2 s. N.
Sa grand'mère : par Centaure ou Séducteur, 1/2 s. N.
Le Pin : depuis 1890.

HOTTENTOT, ex-**HIPPOS**. — H. N.
B. 1885. — Manche.
Par *Vanikoro*, 1/2 s. N., et *Irlande*, par Kabin, 1/2 s. N.
Sa grand'mère : jument irlandaise.
Saint-Lô : 1889. — Mort le 26 octobre 1894.

HOURVARI, ex-**HERMÈS**. — H. N.
B. 1885. — Manche.
Par *Sorcier*, 1/2 s. N., et *Castille*, par Théophile, 1/2 s. N.
Sa grand'mère : par Nadar, 1/2 s. N.
Saint-Lô : 1884. — Castré le 18 août 1894.

HOUSPIGNOLLES. — H. N.
B. 1885. — Calvados.
Par *Cambacérès*, 1/2 s. N., et *Palmette*, par Palm. 1/2 s. N.
Sa grand'mère : par Printemps, 1/2 s. N.
Saint-Lô : 1889. — Castré le 27 août 1897.

HUDSON, ex-**HARAS**. — H. N.
B. 1885. — Manche.
Par *Vendôme*, 1/2 s. N., et *Sophie*, par Oranger, 1/2 s. N.
Saint-Lô : 1889. — Castré le 3 décembre 1891.

HUGUES. — H. N.
B. 1885. — Orne.
Par *Ximénès* et *Hermine*, 1/2 s. N., par Patricien, P. S. A.
Sa grand'mère : par Elu, 1/2 s. N.
Saint-Lô : 1889. — Castré le 16 novembre 1894.

HUN, ex-**HUNTER**. — H. N.
B. 1885. — Calvados.
Par *Phare*, 1/2 s. N., et *Glorieuse*, par Glorieux, 1/2 s. N.
Sa grand'mère : par Sauvage, 1/2 s. N.
Saint-Lô : 1889. — Castré le 22 août 1890.

HUNALD. — H. N.
Bb. 1885. — Orne.
Par *Quiclet*, 1/2 s. N., et *Fortunée*, par Thésée, 1/2 s. N.
Sa grand'mère : N., 1/2 s. N., par Phœnomenon, 1/2 s. A.
Saint-Lô : depuis 1889.

HURRAH, ex-**HISTORIEN**. — H. N.
Bb. 1885. — Manche.
Par *Lavater*, 1/2 s. N., et *Orphélie*, par Orphée, 1/2 s. N.
Sa grand'mère : par Lady-Quid-Juris, 1/2 s. N., par Quid-Juris P. S. A.
Sa bisaïeule : par Lionceau, 1/2 s. N.
Saint-Lô : 1889. — Castré le 28 novembre 1895.

HYSOPE. — H. N.
Par *Utrecht*, 1/2 s. N., et *Margot*, par Newton, 1/2 s. N.
Sa grand'mère : par Beaumanoir, 1/2 s. N.
Saint-Lô : depuis 1889.

IAMBE, ex-**IBIS**. — H. N.
B. 1886. — Orne.
Par *Cherbourg*, 1/2 s. N., et *Violette*, par Parthénon, 1/2 s. N.
Sa grand'mère : 1/2 s. N., par Norfolk-Trotter, 1/2 A.
Le Pin : depuis 1890.

IBIS (approuvé). — M. Nicolle.
Gr. 1886.
Par *Balaclan IV*, 1/2 s. N., et *N.*, par Ribaud. 1/2 s. N.
Saint-Lô : depuis 1890.

IBIS. — H. N.
Bb. 1886. — Calvados.
Par *Lavater*, 1/2 s. N., et *Deuil*, par Normand, 1/2 s. N.
Sa grand'mère, Harriett, P. S. A., par Charlatan.
Saint-Lô : depuis 1890.

IBRAHIM. — H. N.
Bb. 1886. — Calvados.
Par *Noville* ou *Tigris*, 1/2 s. N., et *Fugitive*, par Lilas, 1/2 s. N.
Sa grand'mère, par Plutus, 1/2 s. N.
Le Pin : 1819-1895. — Réformé.

IDÉAL (approuvé). — M. d'Imbleval.
Ro. 1886. — Normandie.
Par *Serpolet-Rouan*, 1/2 s. N., et une fille de Recteur, 1/2 s. N.
Le Pin : depuis 1891.

IDOINE (approuvé). — M. Tourgis.
B. 1886. — Manche.
Par *Utrecht*, 1/2 s. N., et *Bijou*, par Luther, 1/2 s. N.
Sa grand'mère, par Nelson, 1/2 s. N.
Saint-Lô : depuis 1890.

IDOMÉNÉE. — H. N.
Al. 1864. — Orne.
Par *Sérénader*, 1/2 s. N., et une 1/2 s. N., par Eylau, P. S. A.-A.
Saint-Lô : depuis 1868. — Abattu le 9 août 1890.

IF. — H. N.
B. 1886. — Manche.
Par *Tempête*, 1/2 s. N., et *Lisette*, par Page, 1/2 s. N.
Sa grand'mère : par Quiévrain, 1/2 s. N.
Le Pin : depuis 1890.

IGOR. — H. N.
N. 1886. — Orne.
Par *Cherbourg*, 1/2 s. N., et *Braconnière*, P. S. A
Saint-Lô : 1890. — Le Pin : 11 décembre 1890.

ILLICO (approuvé). — M. de La Ville.
B. 1886. — Normandie.
Par *Aristocrate*, 1/2 s. N., et une fille de Victorieux, 1/2 s. N.
Saint-Lô : 1890. — Vendu en 1891 avant la monte.

ILLINOIS, ex-**IOWA**. — H. N.
Bb. 1886. — Calvados.
Par *Calus* ou *Arsace*, 1/2 s. N., et *Précieuse*, par Unal, 1/2 s. N.
Sa grand'mère, par Elu, 1/2 s. N.
Saint-Lô : 1890. — Mort le 25 avril 1894.

ILLUSTRE. — H. N.
B. 1886. — Calvados.
Par *Utique*, 1/2 s. N., et *Léda*, par Phare, 1/2 s. N.
Sa grand'mère : Victoire, par Conquérant, 1/2 s. N.
Sa bisaïeule : Bijou, par Vice-Roi, 1/2 s. N.
Sa trisaïeule : N., par Carrossier, 1/2 s. N.
Sa quadrisaïeule : N., par Historien, 1/2 s. N.
Saint-Lô : depuis 1890.

ILOT (accepté). — M. Lefey-Fontaine.
B. 1893. — Manche.
Par *Ilot*, 1/2 s. N.
Saint-Lô : depuis 1897.

ILOT — H. N.
B. 1886. — Calvados.
Par *Phaëton*, 1/2 s. N., et *Neustria*, par Normand, 1/2 s. N.
Sa grand'mère, par Eclipse, 1/2 s. N.
Saint-Lô : depuis 1890.

ILOTE. — H. N.
Al. 1886. — Orne.
Par *Beaugé*, 1/2 s. N., et *Eva*, par Phaëton, 1/2 s. N.
Sa grand'mère, Pégriote, par Elu, 1/2 s. N.
Le Pin : depuis 1890.

IMAN. — H. N.
Al. 1886. — Orne.
Par *Tristan*, 1/2 s. N., et *Florissante*, 1/2 s. A.
Saint-Lô : 1890. — Castré le 22 août 1892.

IMMORTEL. — H. N.
Al. 1886. — Calvados.
Par *Duguesclin*, 1/2 s. N., et *Finette*, par Stade, 1/2 s. N.
Sa grand'mère, par Le More, 1/2 s. N.
Saint-Lô : 1890. — Castré le 3 décembre 1891.

IMPATIENT (approuvé). — M. Pierre.
Al. 1886. — Calvados.
Par *Delaware*, 1/2 s. N., et 1/2 s. N., par Brocardo, 1/2 s. A.
Saint-Lô : depuis 1890.

IMPÉTUEUX (approuvé).
MM. Ballière, 1890 ; Lechaptois, 1891.
Bb. 1886. — Normandie.
Par *Apis*, 1/2 s. N., et une fille de Stade, 1/2 s. N.
Sa grand'mère, par Saint-Rigomer, 1/2 s. N.
Le Pin : 1890. — Saint-Lô : 1891.
Pas présenté à l'approbation en 1896.

IMPORTUN, ex-**IDÉAL.** — H. N.
Bb. 1886. — Calvados.
Par *Baptiste-Lemore*, 1/2 s. N., et *Orpheline*, par Tigris, 1/2 s. N.
Sa grand'mère : par Officier, 1/2 s. N.
Saint-Lô : 1890. — Castré le 16 novembre 1894.

INAUDI-JACQUES. — H. N.
B. 1886. — Calvados.
Par *Acquila*, 1/2 s. N., et *Polka*, par Kilomètre, 1/2 s. N.
Sa grand'mère : Friboise, par Centaure, 1/2 s. N.
Sa bisaïeule : N., par Jactator, 1/2 s. N.
Sa trisaïeule : N., 1/2 s. N., par Liberator, 1/2 s. A.
Saint-Lô : 1890. — Castré le 11 décembre 1890.

INCANDESCENT, ex-**INTERPRÈTE.** — H. N.
B. 1886. — Manche.
Par *Utrecht* ou *Quinte-Curce*, 1/2 s. N., et *Castille*, par Ménélas, 1/2 s. N.
Saint-Lô : depuis 1890.

INCENDIAIRE, ex- **INKERMAN**. — H. N.
B. 1886. — Eure.
Par *Oronte*, 1/2 s. N., et *Mascotte*, par Lavater, 1/2 s. N.
Le Pin : 1890-1891. — Mort.

INCOGNITO (approuvé). — M. Durand.
B. 1886. — Calvados.
Par *Unorthodox*, 1/2 s. N., et *Surprise*, par Jactator, 1/2 s. N.
Sa grand'mère, par Pledge, 1/2 s. N.
Saint Lô : depuis 1890. — Non présenté pour la monte de 1893.

INCONSTANT. — H. N.
Bb. 1886. — Manche.
Par *Sénéchal*, 1/2 s. N., et *Rosette*, par Harmonieux, 1/2 s. N.
Saint-Lô : depuis 1890.

INCROYABLE (approuvé). — M. de la Ville.
B. 1886. — Normandie.
Par *Tigris*, 1/2 s. N., et une 1/2 s. N., par Affidavit, P. S. A.
Sa grand'mère, par Unau, 1/2 s. N.
Saint Lô : 1890. — Vendu en 1891 avant la monte.

INDIGÈNE (approuvé). — M. Lepileur.
B. 1886. — Calvados.
Par *Calas*, 1/2 s. N., et *Bijou*, par Uzel, 1/2 s. N.
Saint-Lô : 1890. — Réformé après la monte de 1890.

INDIGO, ex-**IDUS**. — H. N.
Al. 1886. — Manche.
Par *Siroc*, 1/2 s. N., et *Bijou*, par Ray-Grass, 1/2 s. N.
Saint-Lô : 1890. — Castré le 19 août 1892.

INDO-CHINE. — H. N.
N. 1886. — Orne.
Par *Cherbourg*, 1/2 s. N., et *Ebène*, par Niger, 1/2 s. N.
Sa grand'mère : Mlle de Neuville, par Elu, 1/2 s. N.
Sa bisaïeule : Impatiente, par Gaulois, 1/2 s. N.
Sa trisaïeule : N., par Noteur, 1/2 s. N.
Sa quadrisaïeule : N., par Hercule, 1/2 s. N.
Saint-Lô : 1890. — Le Pin : depuis le 11 décembre 1890.

INFERNAL, ex-**IGNOTUS**. — H. N.
B. 1886. — Orne.
Par *Valdempierre*, 1/2 s. N., et *Black-Capucine*, par Niger, 1/2 s. N.
Sa grand'mère : Lucrèce, par Thésée, 1/2 s. N.,
ou Phaenomenon, 1/2 s. A.
Le Pin : 1890-1892. — Réformé.

INFIDÈLE. — H. N.
B. 1886. — Eure.
Par *Tigris*, 1/2 s. N., et une fille de Conquérant, 1/2 s. N.
Saint-Lô : 1890. — Castré le 7 septembre 1893.

INGAMBE. — H. N.
B. 1886. — Orne.
Par *Usquebac*, 1/2 s. N., et *Cérès*, par Gaulois, 1/2 s. N.
Sa grand'mère : 1/2 s. N., par Coleraine, 1/2 s. A.
Le Pin : depuis 1890.

INGRAT, ex-**ILLUSTRE.** — H. N.
B. 1886. — Orne.
Par *Vautrain*, 1/2 s. N., et *Parisienne*, par Ugolin, 1/2 s. N.
Sa grand'mère : par Holback, 1/2 s. N.
Le Pin : 1890-1891. — Réformé.

INSTAR, ex-**ISIGNY.** — H. N.
B. 1886. — Orne.
Par *Usquebac*, 1/2 s. N., et *Capucine*, par Quiclet.
Sa grand'mère : par Elu, 1/2 s. N.
Le Pin : 1890-1891. — Réformé.

INTÈGRE (approuvé). — M. Le Marchand.
N. 1886. — Manche.
Par *Betting*, 1/2 s. N., et une fille de Producteur, 1/2 s. N.
Saint-Lô : 1890-1891. — Pas présenté pour la monte.

INTÈGRE (approuvé).
M. Pierre, 1890 ; H. N., 1891.
B. 1886. — Calvados.
Par *Y. Fire-Away*, 1/2 s. A., et *Bijou*, par Jovial, 1/2 s. N.
Le Pin : 1890-1895. — Réformé.

INTENDANT. — H. N.
Al. 1886. — Sarthe.
Par *Beaugé*, 1/2 s. N., et *Belle-de-Jour*, par Inkermann, 1/2 s. N.
Sa grand'mère : Faternay, 1/2 s. N., par Tipple-Cider, P. S. A.
Sa bisaïeule : N., 1/2 s. N., par Eylau, P. S. A.-A.
Saint-Lô : depuis 1891.

INTÉRIM (approuvé). — M. Pierre.
B. 1886. — Orne.
Par *Usquebac*, 1/2 s. N., et une fille d'Inkermann, 1/2 s. N.
Sa grand'mère : par Séducteur, 1/2 s. N.
Saint-Lô : depuis 1890.

INTERLOPE. — H. N.
B. 1886. — Calvados.
Par *Barberousse*, 1/2 s. N., et *Urgente*, par Urgent, 1/2 s. N.
Sa grand'mère : une 1/2 s. N., par Telegraph, 1/2 s. A.
Le Pin : 1890-1891. — Réformé.

INTERMÈDE, ex-**INTRIGANT**. — H. N.
B. 1886. — Calvados.
Par *Cambacérès*, 1/2 s. N., et *Cantinière*, par Partisan, 1/2 s. N.
Sa grand'mère : par Sultan, 1/2 s. N.
Le Pin : 1890. — Angers : 1892.

INTERNATIONAL. — H. N.
N. 1886. — Orne.
Par *Cherbourg*, 1/2 s. N., et *Travailleuse*, 1/2 s. N., par Marx, 1/2 s. R.
Sa grand'mère : Miss-Bell, 1/2 s. Am.
Le Pin : depuis 1890.

INTRÉPIDE. — H. N.
B. 1886. — Manche.
Par *Reynolds*, 1/2 s. N., et *Ugoline*, par Ugolin, 1/2 s. N.
Sa grand'mère : par Nemrod, 1/2 s. N.
Saint-Lô : depuis 1890.

INTRIGANT. — H. N.
B. 1886. — Orne.
Par *Cherbourg*, 1/2 s. N., et *Rosamonde*, par Quiclet, 1/2 s. N.
Sa grand'mère : Alphéric, 1/2 s. N., par Fitz-Pantaloon, P. S. A.
Le Pin : depuis 1890.

INTRUS, ex-**CLARBEC**. — H. N.
Al. 1886. — Calvados.
Par *Hippomène*, 1/2 s. Big, et *Fleurette*, par Conquérant, 1/2 s. N.
Sa grand'mère : Fleurette, 1/2 s. N., par The Nemrod, 1/2 s. A.
Le Pin : 1890-1893. — Réformé.

IONIEN (approuvé). — M. Voisin.
B. 1886. — Manche.
Par *Colporteur*, 1/2 s. N., et *Castille*, par Teinturier, 1/2 s. N.
Saint-Lô : depuis 1890.

IRACKE (approuvé). — M. Buhot.
Al. 1878. — Manche.
Par *Sidi*, P. S. Ar., et une fille de Tamerlan, 1/2 s. N.
Saint-Lô : 1882-1891. — Réformé après la monte.

IRATUS (approuvé). — M. Milet.
B. 1886. — Manche.
Par *Lavater*, 1/2 s. N., et une 1/2 s. N., par The Heir-of-Linne, P. S. A.
Sa grand'mère : par Kapirat, 1/2 s. N.
Saint-Lô : 1890-1894. — Vendu avant la monte.

IRONIQUE (approuvé).
MM. de Panthou, 1890 ; Morcel, 1891.
B. 1886. — Normandie.
Par *Innocent*, P. S. A., et une fille de Lucullus, 1/2 s. N.
Saint-Lô : depuis 1890. — Mort avant la monte de 1893.

ISAAC, ex-**ISMAËL**. — H. N.
Al. 1886. — Sarthe.
Par *Beaugé*, 1/2 s. N., et *Hélène*, par Elu, 1/2 s. N.
Sa grand'mère : Belle-Poule, par Centaure, 1/2 s. N.
Sa bisaïeule : N., 1/2 s. N., par Tipple-Cider, P. S. A.
Sa trisaïeule : N., 1/2 s. N., par Eylau, P. S. A.-A.
Saint-Lô : 1890. — Abattu le 12 décembre 1890.

ISAÏE. — H. N.
N. 1886. — Calvados.
Par *Cicéron*, 1/2 s. N., et *Miranda*, par Léotard, 1/2 s. N.
Saint-Lô : 1890. — Castré le 19 août 1892.

ISIGNY (approuvé). — M. Anger.
B. 1886. — Manche.
Par *Sorcier*, 1/2 s. N., et une fille de Ratapoil, 1/2 s. N.
Sa grand'mère : par Lord, 1/2 s. N.
Saint-Lô : depuis 1890.

ISRAÉLITE (approuvé). — M. de La Ville.
B. 1886. — Normandie.
Par *Orfila*, 1/2 s. N., et une fille de Léotard, 1/2 s. N.
Sa grand'mère : par Grégoire, 1/2 s. N.
Saint-Lô : 1890. — Vendu en 1891 avant la monte.

ISPAHAN (approuvé). — Mme Ve Champion.
B. 1886. — Manche.
Par *Aguadel*, 1/2 s. N., et *Rigolette*, par Pater, 1/2 s. N.
Sa grand'mère : par Sammam, 1/2 s. Ar.
Saint-Lô : depuis 1890.

ITÉRUM, ex-**ITALIEN**. — H. N.
B. 1886. — Orne.
Par *Quiclet*, 1/2 s. N., et *Charmante*, par Jactator, 1/2 s. N.
Saint-Lô : 1890. — Castré le 18 août 1894.

IVOIRE (approuvé). — M. Le Marchand.
N. 1886. — Normandie.
Par *Seigneur II*, P. S. A., et une fille d'Ignoré, 1/2 s. N.
Saint-Lô : depuis 1891.

JACOB (approuvé). — M. Samson.
B. 1887. — Normandie.
Par *Diablotin*, 1/2 s. N., et une 1/2 s. N,, par Phænomenon, 1/2 s. A.
Le Pin : depuis 1891. — Vendu en 1892.

JACOBIN, ex-**JAGUAR**. — H. N.
B. 1887. — Calvados.
Par *Phare*, 1/2 s. N., et *Valentine*, par Valentino, 1/2 s. N.
Saint-Lô : 1891. — Castré le 25 janvier 1897.

JACONAS, ex-**JAVELOT**. — H. N.
B. 1887. — Manche.
Par *Diptère*, 1/2 s. N., et *Lisette*, par Tempête, 1/2 s. N.
Saint-Lô : 1891. — Castré le 9 novembre 1897.

JACQUES (accepté). — M. Lecavelier.
B. 1889. — Manche.
Par *Cadix*.
Saint-Lô : 1895-1896. — Pas présenté.

JACQUES. — H. N.
B. 1887. — Calvados.
Par *Coq-à-l'Ane*, 1/2 s. N., et *Berénice*, par Kilomètre, 1/2 s. N.
Sa grand'mère : Fortune, P. S. A., par Tonnerre-des-Indes.
Sa bisaïeule : Harriett, P. S. A., par Charlatan.
Saint-Lô : depuis 1891.

JACTATOR. — H. N.
Al. 1887. — Orne.
Par *Beaugé*, 1/2 s. N., et *Myosotis*, par Elu, 1/2 s. N.
Sa grand'mère : Frétillon, par Solide, 1/2 s. N.
Le Pin : 1891-1894. — Mort.

JADIS. — H. N.
Bb. 1882. — Seine-Inférieure.
Par *Serviteur*, 1/2 s. N., et *Malgré-Moi*, par
Trotting-Rattler, 1/2 s. A.
Le Pin : 1887-1894. — Réformé.

JAFFA (approuvé). — M. Mesnager.
Al. 1887. — Normandie.
Par *Calas*, 1/2 s. N., et une fille de Ribaud, 1/2 s. N.
Saint-Lô : 1891-1892. — Pas présenté pour la monte.

JAGELLON, ex-**MIC-MAC**. — H. N.
B. 1887. — Orne.
Par *Valencourt*, 1/2 s. N., et *Deborah*, par Conquérant, 1/2 s. N.
Sa grand'mère : Zélie, par Centaure, 1/2 s. N.
Sa bisaïeule : Julia, par Virgile, 1/2 s. N.
Sa trisaïeule : Fleurette, 1/2 s. N., par Lully, P. S. A.
Saint-Lô : depuis 1891.

JAGUAR (approuvé).
M. Perdriel, 1891 ; M. de Clamorgan, 1893.
B. 1887. — Normandie.
Par *Lavater*, 1/2 s. N., et une fille de Télémaque, 1/2 s. N.
Saint-Lô : depuis 1891.

JAGUAR III, 1/2 s. N. — H. N.
B. 1887. — Manche.
Par *Lavater*, 1/2 s. N., et *Friandise*,
par Ministère, P. S. A.
Le Pin : depuis 1892.

JAIS (approuvé). — M. Allain.
N. 1887. — Normandie.
Par *Acquila*, 1/2 s. N., et *N.*, par Louviers, 1/2 s. N.
Saint-Lô : depuis 1892.

JALAP (approuvé).
M. Lemesnager, 1891 ; M. Hirbec, 1895.
B. 1887. — Normandie.
Par *Epicurien*, 1/2 s. N., et une fille de Macouba, 1/2 s. N.
Saint-Lô : depuis 1891.

JALOUX. — H. N.
B. 1887. — Orne.
Par *Phaëton*, et une fille de Centaure, 1/2 s. N.
Sa grand'mère : par Lully, P. S. A.
Le Pin : depuis 1882.

JAMAIS. — H. N.
Bb. 1887. — Manche.
Par *Vautrain*, 1/2 s. N., et *Lisette*, par Sans-Gêne, 1/2 s. N.
Saint-Lô : depuis 1891.

JAMBES-D'ACIER (approuvé). — M. Lethiers.
N. 1887. — Orne.
Par *Cicéron II*, 1/2 s. N., et *Harmonie*, par Conquérant, 1/2 s. N.
Le Pin : depuis 1892.

JAMES, ex-**JARNAC**. — H. N.
B. 1887. — Orne.
Par *Cherbourg*, 1/2 s. N., et *Cocote*, par Epervier, P. S. A.
Sa grand'mère : Frou-Frou, par Zouave, P. S. A.
Le Pin : depuis 1891.

JAMES-WATT. — H. N.
Al. 1887. — Orne.
Par *Phaëton*, 1/2 s. N., et *Dame-d'Honneur*, 1/2 s. N., par Vichnou, P. S. A.
Sa grand'mère : Mademoiselle-de-Neuville, par Elu, 1/2 s. N.
Sa bisaïeule : fille de Gaulois ou Inkermann, 1/2 s. N.
Le Pin : depuis 1891.

JANUS (approuvé). — M. L. Desgénetais.
B. 1886. — Orne.
Par *Phaëton*, 1/2 s. N., et *Frétillon*, par Serpolet-Bai, 1/2 s. N.
Le Pin : depuis 1892.

JANVIER (approuvé). — M. Le Marchand.
B. 1887. — Normandie.
Par *Delaunay*, 1/2 s. N., et une fille de Dragon, 1/2 s. N.
Saint-Lô : depuis 1891.

JANVIER (approuvé). — M. Voisin.
Bb. 1887. — Normandie.
Par *Dunois*, 1/2 s. N., et une fille de Phare, 1/2 s. N.
Saint-Lô : depuis 1891.

JANVIER. — H. N.
Al. 1887. — Manche.
Par *Ermite*, 1/2 s. N., et *Idoménée*, par Idoménéo, 1/2 s. N.
Sa grand'mère : par Divus, 1/2 s. N.
Saint-Lô : 1891. — Abattu le 20 mai 1892.

JANUS. — H. N.
B. 1887. — Manche.
Par *Sénéchal*, 1/2 s. N., et *Lapin*, par Harmonieux, 1/2 s. N.
Sa grand'mère: par Séduisant, 1/2 s. N.
Le Pin: depuis 1891.

JAPHET. — H. N.
B. 1887. — Calvados.
Par *Eperlan*, 1/2 s. N., et *La Mascotte*, par Templier, 1/2 s. N.
Saint-Lô : depuis 1891.

JAPON, ex-**JAVELOT.** — H. N.
B. 1887. — Manche.
Par *Descartes*, 1/2 s. N., et *Papillon*, par Santerre, 1/2 s. N.
Saint-Lô : 1891. — Castré le 18 août 1894.

JAPONAIS (approuvé). — M. de la Ville.
B. 1887. — Normandie.
Par *Diplomate*, 1/2 s. N., et une fille d'Harmonieux, 1/2 s. N.
Saint-Lô : 1891. — Vendu après la monte.

JARNAC (approuvé).
M. Nicolle, 1891. — M. Voisin, 1891.
B. 1887. — Normandie.
Par *Alsacien*, 1/2 s. N., et une fille de Mirliton, 1/2 s. N.
Saint-Lô : depuis 1891.

JARNAC. — H. N.
Bb. 1887. — Manche.
Par *Colporteur*, 1/2 s. N., et *Caroline*, par J'y-Songerai, 1/2 s. N.
Sa grand'mère : par Divus, 1/2 s. N.
Saint-Lô : depuis 1891.

JARNAC (autorisé). — M. Barbé.
Al. 1886. — Manche.
Par *Shamrock*, 1/2 s. A., et *N.*, par Macouba, 1/2 s. N.
Saint-Lô : depuis 1892. — Pas présenté pour la monte de 1894.

JASEUR. — H. N.
B. 1887. — Manche.
Par *Sénéchal*, 1/2 s. N., et *Rosette*, par Laboureur, 1/2 s. N.
Saint-Lô : 1891. — Mort le 10 septembre 1895.

JASMIN (approuvé). — M. Blier.
B. 1887. — Normandie.
Par *Cafarelli*, 1/2 s. N., ou *Panique*, 1/2 s. N., et une fille de Saturne, 1/2 s. N.
Saint-Lô : 1891-1891. — Réformé après la monte.

JASMIN (approuvé). — M. de la Ville.
B. 1887. — Normandie.
Par *Utrecht*, 1/2 s. N., et une fille de Romano, 1/2 s. N.
Saint-Lô : 1891. — Pas présenté pour la monte de 1892.

JASMIN IV.— H. N.
B. 1887. — Calvados.
Par *Sobriquet*, 1/2 s. N., et *Normande*, par Normand, 1/2 s. N.
Sa grand'mère : une 1/2 s. N., par Washington, 1/2 s. Al.
Saint-Lô : 1891. — Castré le 27 août 1897.

JAVA, ex-**JASMIN**. — H. N.
B. 1887. — Manche.
Par *Ussy*, 1/2 s. N., et *Papillon*, par Serviteur, 1/2 s. N.
Saint-Lô : 1891. — Castré le 19 août 1892.

JAVELOT. — H. N.
B. 1887. — Manche.
Par *Ermite*, 1/2 s. N., et *Bravade*, 1/2 s. N., par Bravo, P. S. A.
Saint-Lô : 1891. — Castré le 18 août 1894.

JAY (approuvé). — M. Ballière.
Bb. 1886. — Normandie.
Par *Acquila*, 1/2 s. N., et une fille de Louviers, 1/2 s. N.
Le Pin : depuis 1891.

JAY (approuvé). — M. Gost.
N. 1886. — Normandie.
Par *Acquila*, 1/2 s. N., et une fille de Stade, 1/2 s. N.
Le Pin : depuis 1891.
En 1892, passé dans la circonscription de Saint-Lô.

JAY (approuvé). — M. Godard, 1892 ; M. Dujardin, 1895.
N. 1887. — Normandie.
Par *Acquila*, 1/2 s. N., et *N.*, par Niger, 1/2 s. N.
Sa grand'mère : par Stade, 1/2 s. N.
Saint-Lô : depuis 1892.

JEAN-DE-NIVELLE II. — H. N.
B. 1887. — Calvados.
Par *Valencourt*, 1/2 s. N., et *Jeanne-d'Arc*, par Conquérant, 1/2 s. N.
Sa grand'mère : Jeanne-la-Folle, par The Heir-of-Linne, P. S. A.
Le Pin : depuis 1891.

JEAN-DE-NIVELLE. — H. N.
Bb. 1887. — Calvados.
Par *Coq-à-l'Ane* et *Galathée*, par Conquérant, 1/2 s. N.
Saint-Lô : depuis 1892.

JEAN-HUSS, ex-**JUSTIN**. — H. N.
N. 1887. — Manche.
Par *Trajan*, 1/2 s. N., et *Va-de-Bon-Cœur*, par Hunter, 1/2 s. N.
Sa grand'mère : par Eminent, 1/2 s. N.
Sa bisaïeule : par Passe-Partout, 1/2 s. N.
Saint-Lô : 1891. — Castré le 23 août 1895.

JEAN-LE-GROS, ex-**JUSSEY**. — H. N.
B. 1887. — Manche.
Par *Echec*, 1/2 s. N., et *Rosette*, 1/2 s. N.
Le Pin : depuis 1891.

JEAN-SANS-PEUR. — H. N.
B. 1887. — Manche.
Par *Idoménée*, 1/2 s. N., et *Sophie*, par Pancrace, 1/2 s. N.
Sa grand'mère : par Dictateur, 1/2 s. N.
Saint-Lô : 1891. — Castré le 3 décembre 1891.

JEFFERSON (approuvé). — M. Allain.
B. 1887. — Normandie.
Par *Défendu*, 1/2 s. N., et une fille de Josapha, 1/2 s. N.
Saint-Lô : depuis 1891.

JEFFERSON (approuvé). — M. P. Lemetayer.
N. 1887. — Normandie.
Par *Lavater*, 1/2 s. N., et *Follette II*, P. S. A
Saint-Lô : depuis 1891.

JEFFREYS (approuvé). — M. Marquer.
N. 1887. — Normandie.
Par *Sobriquet*, 1/2 s. N., et une fille de Josaphat, 1/2 s. N.
Saint-Lô : depuis 1891.

JEFFRIED (approuvé). — M. de la Ville.
B. 1887. — Normandie.
Par *Utrecht*, 1/2 s. N., et une fille de Stern, 1/2 s. N.
Sa grand'mère : par Beaumanoir, 1/2 s. N.
Saint-Lô : 1891. — A fait la monte en 1891 et 1893 seulement.

JEHU (approuvé). — MM. Lecuyer, 1892; Clamorgan, 1893.
B. 1887. — Normandie.
Par *Tempête*, 1/2 s. N., et *N.*, par Ugolin, 1/2 s. N.
Saint-Lô : depuis 1892. — Vendu après la monte de 1894.

JEMMAPES. — H. N.
Bb. 1887. — Manche.
Par *Utrecht*, 1/2 s. N., et *Sophie*, par Arétin, 1/2 s. N.
Le Pin : 1891-1895. — Réformé.

JEMMAPES (approuvé).
MM. Lepileur, 1891 ; H. Bunel, 1892.
B. 1887. — Normandie.
Par *Utrecht*, 1/2 s. N., et une fille de Quickly, 1/2 s. N.
Saint-Lô : 1891. — Mort en 1894 avant la monte.

JENNER (approuvé). — M. de la Ville, 1891.
B. 1887. Normandie.
Par *Dunois*, 1/2 s. N., et *Fileuse*, 1/2 s. N., par Le Dard, P. S.
Saint-Lô : 1891. — En Amérique en 1892.

J'EN-SUIS, ex-**JOCKO**. — H. N.
Ro. 1887. — Orne.
Par *Beaugé*, 1/2 s. N., et *Rouanne*, par Elu, 1/2 s. N.
Le Pin : depuis 1891.

JÉRICKO. — H. N.
Bb. 1887. — Orne.
Par *Quiclet*, 1/2 s. N., et *Bijou*, par Nouvion, 1/2 s. N.
Sa grand'mère : N., 1/2 s. N., par Affidavit, P. S. A.
Saint-Lô : 1891. — Castré le 18 août 1894.

JET, ex-**BLACK-JACK**, — H. N.
N. 1887. — Manche.
Par *Utrecht*, 1/2 s. N., et *Charmante*, par Regnard, 1/2 s. N.
Sa grand'mère : N., par Ignoré, 1/2 s. N.
Sa bisaïeule : N., par Lothaire, 1/2 s. N. (approuvé).
Sa trisaïeule : N., par Horatius, 1/2 s. N.
Saint-Lô : 1891. — Castré le 26 novembre 1892.

JETON. — H. N.
Al. 1887. — Manche.
Par *Ecarté*, 1/2 s. N., et *Denise*, par Trompe-la-Mort, 1/2 s. du Midi.
Saint-Lô : 1891. — Abattu le 9 août 1895.

JEUDI (approuvé). — M. Guillerme.
B. 1887. — Normandie.
Par *Lavater*, 1/2 s. N., et *Prudente*, P. S. A.
Saint-Lô : depuis 1891.

JEUMONT, ex-**JÉHOVA**. — H. N.
Bb. 1887. — Calvados.
Par *Acquila*, 1/2 s. N., at *Mémorable*, par Elu, 1/2 s. N.
Sa grand'mère : par Valdemar, 1/2 s. N.
Sa bisaïeule : Sylvia, par Sylvio, P. S. A.
Le Pin : depuis 1891.

JEUNE-TOUJOURS. — H. N.
Al. 1887. — Seine-Inférieure.
Par *Serpolet-Rouan*, 1/2 s. N., et *Pluta*, par Plutus, P. S. A.
Le Pin : depuis 1894.

JOCKEY, ex-**JASON**. — H. N.
Bb. 1887. — Calvados.
Par *Tigris*, 1/2 s. N., et *Reinette*, par Normand, 1/2 s. N.
Sa grand'mère : Gitana, P. S. A.
Saint-Lô : depuis 1891.

JOCRISSE, ex-**JUPITER VII**. — H. N.
B. 1887. — Orne.
Par *Edimbourg*, 1/2 s. N., et *Niniche*, par Palanquin, 1/2 s. N.
Saint-Lô : 1891. — Castré le 3 décembre 1891.

JOINVILLE II. — H. N.
B. 1887. — Orne.
Par *Cherbourg*, 1/2 s. N., et *Célimène*, par Niger, 1/2 s. N.
Sa grand'mère : Edine, 1/2 s. N., par Brocardo, P. S. A.
Saint-Lô : depuis 1891.

JOLIBOIS. — H. H.
B. 1887. — Orne.
Par *Cherbourg*, 1/2 s. N., et *Dora*, par Niger, 1/2 s. N.
Sa grand'mère : par Extase, 1/2 s. N.
Sa bisaïeule : Thérézo, par Destin, 1/2 s. N.
Sa trisaïeule : Brillante, par Jéricko, 1/2 s. N.
Sa quadrisaïeule : N., par Basly, 1/2 s. N.
5e degré : N., par Impérieux, 1/2 s. N.
Saint-Lô : depuis 1891.

JOSAPHAT. — H. N.
B. 1887. — Orne.
Par *Cherbourg*, 1/2 s. N., et *Malvina*, par Buci, 1/2 s. N.
Sa grand'mère : par Aï, 1/2 s. N.
Le Pin : depuis 1891.

JOSSELYN. — H. N.
B. 1887. — Calvados.
Par *Delaware*, 1/2 s. N., et *Iris*, par Roncevaux, 1/2 s. N.
Saint-Lô : 1891. — Castré le 3 septembre 1896.

JOSUÉ. — H. N.
B. 1887. — Calvados.
Par *Acquila* ou *Valparaiso*, 1/2 s. N., et *Anisette*, par Irlandais, 1/2 s. N.
Saint-Lô : 1891. — Abattu le 6 août 1891.

JOUFFROY. — H. N.
B. 1887. — Orne.
Par *Edimbourg*, 1/2 s. N., et *Impérieuse*, par Taconnet, 1/2 s. N.
Sa grand'mère : Brocardine, 1/2 s. N., par Brocardo, P. S. A.
Le Pin : depuis 1891.

JOURDAIN (approuvé).
M. Tirard, 1892 ; M Lemasson, 1896.
N. 1887. — Normandie.
Par *Tigris*, 1/2 s. N., et *N.*, par Lavater, 1/2 s. N.
Sa grand'mère : Hersilie, par Y., 1/2 s. N.
Saint-Lô : 1892-1897. — Pas présenté à l'approbation.

JOURNALIER (approuvé). — M. de Tesson.
Bb. 1887. — Normandie.
Par *Valdempierre*, 1/2 s. N., et une 1/2 s. N., par Phænomenon, 1/2 s. A.
Saint-Lô : 1891-1894. — Réformé après la monte.

JOUTEUR. — H. N.
B. 1887. — Manche.
Par *Ermite*, 1/2 s. N., et *Négresse*, 1/2 s. N., par Gibert, P. S. A.
Saint-Lô : depuis 1891. — Castré le 16 novembre 1894.

JOUTEUR (approuvé). — M. Pierre.
B. 1887. — Normandie.
Par *Espadem*, 1/2 s. N., et une 1/2 s. N., par Quid-Juris, P. S. A.
Saint-Lô : 1891. — Vendu après la monte.

JOUVENCEAU. — H. N.
Al. 1887. — Orne.
Par *Cambronne*, 1/2 s. N., et *Aubade*, par Quiclet, 1/2 s. N.
Sa grand'mère : par Hannon, 1/2 s. N.
Saint-Lô : depuis 1892.

JOYAU. — H. N.
B. 1887. — Calvados.
Par *Phare*, 1/2 s. N., et *Glorieuse*, par Glorieux, 1/2 s. N.
Saint-Lô : depuis 1891.

JOYEUX (accepté). — M. Milcent.
Al. 1887. — Normandie.
Par *Raifort*, 1/2 s. N., et une fille de Succès, 1/2 s. N.
Saint-Lô : depuis 1895.

JOYEUX (approuvé). — M. Pierre.
Bb. 1887. — Normandie.
Par *Vert-Luron*, 1/2 s. N., et une fille de Guillaume-le-Conquérant, 1/2 s. N.
Saint-Lô : 1891. — Réformé après la monte de 1891.

JOYFULL. — H. N.
B. 1887. — Calvados.
Par *Duguesclin*, 1/2 s. N., et *Vénus*, 1/2 s. N., par Washington, 1/2 s. Al.
Le Pin : 1891-1893. — Mort.

JUBÉ, ex-**JAVELOT.** — H. N.
B. 1887. — Manche.
Par *Vert-Galant*, 1/2 s. N., et *Castille*, par Newton, 1/2 s. N.
Sa grand'mère : par Electeur, 1/2 s. N.
Saint-Lô : depuis 1891.

JUDAS. — H. N.
B. 1887. — Manche.
Par *Ecume*, 1/2 s. N., et *Rustique*, par Egésippe, 1/2 s. N.
Saint-Lô : 1891. — Castré le 3 septembre 1896.

JUIN, ex-**JANVIER.** — H. N.
N. 1887. — Orne.
Par *Barrabas*, 1/2 s. N., et *Etincelle*, par Galba, 1/2 s. N.
Sa grand'mère : 1/2 s. N., par Eylau, P. S. A.-A.
Le Pin : 1891-1895. — Réformé.

JULIEN (approuvé). — M. Gost.
Al. 1886. — Normandie.
Par *Beauvoir*, 1/2 s. N., et *Julienne*, 1/2 s.
Le Pin : depuis 1891 ; En 1892. — Vendu.

JULIEN. — H. N.
B. 1887. — Orne.
Par *Cherbourg*, 1/2 s. N., et *Jeanne-d'Arc*, par Rutabaga, 1/2 s. N.
Sa grand'mère : par Nouvion, 1/2 s. N.
Le Pin : depuis 1891.

JUNOT (approuvé). — M. de La Ville.
B. 1887. — Normandie.
Par *Sacrobosco*, 1/2 s. N., et une fille de Tancrède, 1/2 s. N.
Saint-Lô : 1891. — Vendu après la monte.

JUPITER III. — H. N.
Al. 1887. — Manche.
Par *Reynolds*, 1/2 s. N., et *Virgule*, par Lavater, 1/2 s. N.
Sa grand'mère : par Maturin, 1/2 s. N.
Sa bisaïeule : par Sackos (approuvé), 1/2 s. N.
Sa trisaïeule : par Lahore, 1/2 s. N.
Saint-Lô : depuis 1891.

JURÉ, ex-**JOINVILLE**. — H. N.
B. 1887. — Manche.
Par *Domino-Noir*, 1/2 s. N., et *Pretty-Boy*, 1/2 s. N., par Pretty-Boy, P. S. A.
Sa grand'mère : par Kapirât, 1/2 s. N.
Saint-Lô : 1891. — Castré le 19 août 1892.

JUSANT. — H. N.
B. 1887. — Orne.
Par *Phaëton*, 1/2 s. N., et *Béatrix*, par Niger, 1/2 s. N.
Sa grand'mère : Drôlesse, par Pledge, 1/2 s. N.
Sa bisaïeule : N., par Dupleix, 1/2 s. N.
Sa trisaïeule : N., par Pilote, 1/2 s. N.
Sa quadrisaïeule : N., 1/2 s. N., par Bacha, P. S. Ar.
Saint-Lô : depuis 1891.

JUSTIN (approuvé). — MM. Hirard, 1891 ; Le Marchand, 1891.
B. 1887. — Normandie.
Par *Betting*, 1/2 s. N., et une 1/2 s. N.
Saint-Lô : depuis 1891.

JUVIGNY. — H. N.
N. 1887. — Orne.
Par *Cherbourg*, 1/2 s. N., et *Formosa*, par Niger, 1/2 s. N.
Sa grand'mère : Confiance, par Gaulois, 1/2 s. N.
Le Pin : depuis 1891.

J'Y-PENSAIS, ex-**JOYAU**. — H. N.
B. 1887. — Orne.
Par *Edimbourg*, 1/2 s. N., et *Orphise*, par Laboureur, 1/2 s. N.
Le Pin : depuis 1891.

KABAK, 1/2 s. N. — H. N.
B. 1888. — Orne.
Par *Dictateur* (approuvé), et *Coqueluche*, par Rapid-Roan, 1/2 s. N.
Le Pin : depuis 1892.

KABAK. — H. N.
Al. 1888. — Manche.
Par *Darnétal*, 1/2 s. N., et *Sophie*, par Théophile, 1/2 s. N.
Saint-Lô : depuis 1892.

KABYLE. — H. N.
B. 1888. — Orne.
Par *Cicéron II*, 1/2 s. N., et *Polka*, par Législateur, 1/2 s. N.
Sa grand'mère : par Oméga, 1/2 s. N.
Saint-Lô : 1892. — Castré le 27 août 1897.

KABYLE (approuvé). — M. Roy.
B. 1888. — Normandie.
Par *Valentino*, 1/2 s. N., et *N.*, par Feu-de-Joie, 1/2 s. N.
Le Pin : depuis 1892.

KACHEMIR. — H. N.
B. 1888. — Calvados.
Par *Eclaireur*, 1/2 s. N., et *Théréza*, par Hick, 1/2 s. N.
Sa grand'mère : par Interprète, 1/2 s. N.
Saint-Lô : 1892. — Castré le 9 novembre 1897.

KADMOR. — H. N.
N. 1888. — Orne.
Par *Barrabas*, 1/2 s. N., et *Coquette*, par Kilomètre, 1/2 s. N.
Le Pin : depuis 1892.

KADMOR (approuvé). — M. Lesaunier.
B. 1888. — Normandie.
Par *Forban*, 1/2 s. N., et une fille de Seymour, 1/2 s. N.
Saint-Lô : 1897.
Passé dans la circonscription de Compiègne le 17 mars 1897.

KAHAR. — H. N.
B. 1888. — Manche.
Par *Dacapo*, 1/2 s. N., et *Coquette*, par Faucon, 1/2 s. N.
Sa grand'mère : par Macouba, 1/2 s. N.
Saint-Lô : depuis 1892. — Réformé et castré le 28 octobre 1893.

KAID. — H. N.
B. 1888. — Manche.
Par *Colporteur*, 1/2 s. N., et *Criquette*, par Lavater, 1/2 s. N.
Sa grand'mère : Stella, P. S. A., par Montfort, P. S. A.
Saint-Lô : depuis 1892. — Castré le 7 septembre 1893.

KAIN. — H. N.
B. 1888. — Manche.
Par *Follet*, 1/2 s. N., et *Rapide*, par Sabinus, 1/2 s. N.
Saint-Lô : depuis 1892.

KAIROUAN (approuvé). — M. Guilbert.
Bb. 1888. — Normandie.
Par *Café*, 1/2 s. N., et *N.*, par Sublime, 1/2 s. N.
Saint-Lô : depuis 1892. — Pas présenté pour la monte de 1893.

KALEB (approuvé). — M. Gost.
Bb. 1888. — Normandie.
Par *Espadem*, 1/2 s. N., et *N.*, par Victorieux, 1/2 s. N.
Le Pin : depuis 1892.

KALI. — H. N.
N. 1888. — Orne.
Par *Phaëton*, 1/2 s. N., et *Juana*, par Lavater, 1/2 s. N.
Sa grand'mère : Orientale, par Quaker, 1/2 s. N.
Sa bisaïeule : Scolopendre, par Succès, 1/2 s. N.
Sa trisaïeule : Elisa, 1/2 s. N., par Corsair, 1/2 s. A.
Sa quadrisaïeule : Élise, 1/2 s. N., par Marcellus, P. S. A.
5e degré , La Panachée, 1/2 s. N., par D.-I.-O., P. S. A.
6e degré : N., par Matador, 1/2 s. N.
7e degré : N., 1/2 s. N., par Sommersct, 1/2 s. A.
Saint-Lô : depuis 1892.

KALISTON. — H. N.
B. 1888. — Manche.
Par *Lavater*, 1/2 s. N., et *Marguerite*, P. S. A., par le Sarrazin.
Sa grand'mère : La Vallière, P. S. A.
Saint-Lô : depuis 1892. — Castré le 7 septembre 1893.

KALMIA (approuvé). — M. Delaborde-Noguès.
N. 1887. — Calvados.
Par *Tigris*, 1/2 s. N., et *Bank-Note*, par Normand, 1/2 s. N.
Le Pin : depuis 1893.

KALOS (approuvé). — M. Raisin, 1892.
B. 1888. — Normandie.
Par *Domino-Noir*, 1/2 s. N., et *N.*, par Garde-à-Vous, 1/2 s. N.
Saint-Lô : depuis 1892.

KAM. — H. N.
Par *Stade*, 1/2 s. N., et *Lisette*, par Quartier, 1/2 s. N.
Saint-Lô : depuis 1892. — Mort le 13 janvier 1894.

KAMICHI. — H. N.
N. 1888. — Calvados.
Par *Archibald*, 1/2 s. N., et *Jouvette*, par Bisson, 1/2 s. N.
Saint-Lô : depuis 1892.

KAMIESH. — H. N.
B. 1888. — Manche.
Par *Ministère*, P. S. A., et *Rapide*, par Agenda, 1/2 s. N.
Sa grand'mère : N., 1/2 s. N., par Great-Master, 1/2 s. A.
Saint-Lô : 1892. — Castré le 27 août 1897.

KAMTCHATKA. — H. N.
Al. 1888. — Calvados.
Par *Confirmé*, 1/2 s. N., et *Poulot*, par Ribaud, 1/2 s. N.
Sa grand'mère : par Phare, 1/2 s. N.
Saint-Lô : depuis 1892.

KANAC. — H. N.
N. 1888. — Calvados.
Par *Union-Jack*, 1/2 s. N., et *Coquette*, par Sobriquet, 1/2 s. N.
Le Pin : depuis 1892.

KANARIS. — H. N.
B. 1888. — Mâliche.
Par *Pétrarque*, 1/2 s. N., et *Parfaite*, par Pater, 1/2 s. N.
Sa grand'mère : par Malakoff, 1/2 s. N.
Saint-Lô : depuis 1892.

KANGOUROU, ex-**ÉPERNAY**. — H. N.
Bb. 1888. — Calvados.
Par *Dictateur*, 1/2 s. N., et *Virtuose*, par Niger, 1/2 s. N.
Sa grand'mère : Orange, par Conquérant, 1/2 s. N.
Saint-Lô : depuis 1892. — Castré le 26 novembre 1892.

KANGOUROU (approuvé). — M. Pierre.
Bb. 1888. — Normandie.
Par *Canut*, 1/2 s. N., et *N.*, par Jongleur, 1/2 s. N.
Sa grand'mère : N., par Tamerlan, 1/2 s. N.
Saint-Lô : depuis 1892. — Pas présenté pour la monte de 1893.

KAPILAT. — H. N.
N. 1888. — Calvados.
Par *Coq-à-l'Ane* (approuvé), 1/2 s. N., et *Sans-Gêne*, par Conquérant, 1/2 s. N.
Le Pin : depuis 1892.

KAPIRAT. — H. N.
B. 1888. — Orne.
Par *Ximénès*, 1/2 s. N., et *Trique*, par Héliotrope, 1/2 s. N.
Le Pin : 1892-1894. — Réformé.

KARA (approuvé). — M. Rossignol.
B. 1886. — Normandie.
Par *Tigris*, 1/2 s. N., et une fille d'Oronte, 1/2 s. N.
Le Pin : depuis 1893.

KARIBON (approuvé).
M. Gost, 1892 ; M. Morcel, 1893 ; M. Bon, 1897.
N. 1888. — Normandie.
Par *Filateur*, 1/2 s. N., et *N.*, par Bien-Aimé, 1/2 s. N.
Le Pin : depuis 1892. — Saint-Lô : 1893.

KARIKAL. — H. N.
B. 1888. — Manche.
Par *Esbly*, 1/2 s. N., et *Lisa*, par Sénéchal, 1/2 s. N.
Sa grand'mère : N., par Mirliton, 1/2 s. N.
Sa bisaïeule : N., 1/2 s. N., par Bravo, P. S. A.
Sa trisaïeule : N., par Camisard, 1/2 s. N.
Saint-Lô : 1892. — Mort le 10 avril 1896.

KARNAC, ex-**KILOMÈTRE**. — H. N.
B. 1888. — Orne.
Par *Cherbourg*, 1/2 s. N., et *Juliana*, par Elu, 1/2 s. N.
Le Pin : depuis 1892.

KAROLY, ex-**KIRIKIKI**. — H. N.
B. 1888. — Calvados.
Par *Orchid*, P. S. A., et *Miss-Margot*, par Normand, 1/2 s. N.
Le Pin : 1892. — Angers : 1893.

KARTOUM, ex-**KERMANN**. — H. N.
B. 1888. — Calvados.
Par *Etendard*, 1/2 s. N., et *Fadette*, par Normand, 1/2 s. N.
Le Pin : 1892. — Saint-Lô : 1896.

KASBATH. — H. N.
B. 1888. — Calvados.
Par *Don-Quichotte*, 1/2 s. N., et *Tyrolienne*, par Conquérant, 1/2 s. N.
Le Pin : 1892-1895. — Réformé.

KASCHMYR, 1/2 s. N. — H. N.
N. 1888. — Orne.
Par *Phaëton*, 1/2 s. N., et fille *Normande*, par Normand 1/2 s. N.
Le Pin : depuis 1892.

KAZAN. — H. N.
N. 1888. — Calvados.
Par *Phare*, 1/2 s. N., et *L'Étoile*, par Léotard, 1/2 s. N.
Saint-Lô : depuis 1892.

KÉBIR. — H. N.
B. 1888. — Manche.
Par *Fournichon*, 1/2 s. N., et *Castille*,
par Quinte-Curce, 1/2 s. N.
Le Pin : 1892-1895. — Réformé.

KÉCHO. — H. N.
B. 1888. — Calvados.
Par *Panique*, 1/2 s. N., et une fille de Va-de-Bon-Cœur, 1/2 s. N.
Saint-Lô : depuis 1892.— Castré le 18 août 1894.

KÉDIVE (approuvé). — Me de la Ville.
Bb. 1888. — Normandie.
Par *Calambac*, 1/2 s. N., et *N.*, par Utrecht, 1/2 s. N.
Saint-Lô : 1893.
Pas présenté pour la monte de 1894.

KÉLAT. — H. N.
N. 1883. — Orne.
Par *Edimbourg*, 1/2 s. N., et *La Fontaine*, par Niger, 1/2 s. N.
Le Pin : depuis 1892.

KELLERMANN.
B. 1888. — Calvados.
Par *Ulbach*, 1/2 s. N., et *La Poule*, par Quadruple, 1/2 s. N.
Sa grand'mère : par Réoles, 1/2 s. N.
Saint-Lô : depuis 1892.

KENT. — H. N.
B. 1888. — Orne.
Par *Cherbourg*, 1/2 s. N., et *Glorieuse*, par Séducteur, 1/2 s. N.
Sa grand'mère : Ecolière, par Extase, 1/2 s. N.
Sa bisaïeule : Thérésa, par Destin, 1/2 s. N.
Sa trisaïeule : Brillante, par Jéricko, 1/2 s. N.
Sa quadrisaïeule : Ida II, 1/2 s. N., par William, P. S. A.
5e degré : Ida I, par Basly, 1/2 s. N.
6e degré : N., par Impérieux, 1/2 s. N.
Saint-Lô : depuis 1892.

KENTUCKY. — H. N.
B. 1888. — Calvados.
Par *Cherbourg*, 1/2 s. N., et *Mademoiselle-de-Mondeville*, par Conquérant, 1/2 s. N.
Le Pin : depuis 1892.

KÉPI. — H. N.
B. 1888. — Manche.
Par *Diplomate*, 1/2 s. N., et *Lisette*, par Bandit, 1/2 s. N.
Sa grand'mère : par Performer, 1/2 s. A.
Saint-Lô : 1892. — Castré le 23 août 1895.

KÉPI (approuvé). — M. Tocque.
B. 1888. — Normandie.
Par *Flibustier*, 1/2 s. N., et *Thérence*, par Kilomètre, 1/2 s. N.
Le Pin : depuis 1895.

KERMANN, ex-**HERMANN**. — H. N.
B. 1888. — Orne.
Par *Elan* (approuvé), 1/2 s. N., et *Étoile*, par Phaëton, 1/2 s. N.
Le Pin : depuis 1892. — Mort en 1894.

KERMÈS (approuvé). — M. Lepileur (1892).
B. 1888. — Normandie.
Par *Confirmé*, 1/2 s. N., et *N.*, par Qu'en-Pensez-Vous, 1/2 s. N.
Saint-Lô : en 1892. — Pas présenté pour la monte de 1893.

KERYVON. — H. N.
Bb. 1888. — Manche.
Par *Domino-Noir*, 1/2 s. N., et *Fernande*, par Kabin, 1/2 s. N.
Sa grand'mère : par Sans-Gêne, 1/2 s. N.
Saint-Lô : depuis 1892.
Réformé et castré le 16 novembre 1894.

KETMIE (approuvé). — M. H. Busnel.
B. 1888. — Normandie.
Par *Pétrarque*, 1/2 s. N., et *N.*, par Thabor, 1/2 s. N.
Saint-Lô : depuis 1892. — Pas présenté pour la monte de 1893.

KHÉDIVE. — H. N.
B. 1888. — Calvados.
Par *Acquila*, 1/2 s. N., et *Éclatante*, par Irlandais, 1/2 s. N.
Sa grand'mère : par Introuvable, 1/2 s. N.
Saint-Lô : depuis 1892. — Castré le 28 octobre 1893.

KIFFIS, 1/2 s. N. — H. N.
N. 1888. — Orne.
Par *Edimbourg*, 1/2 s. N., et *Capucine*, par Phaëton, 1/2 s. N.
Le Pin : depuis 1892.

KIEW, 1/2 s. N. — H. N.
B. 1888. — Calvados.
Par *Express*, 1/2 s. N., et *N.*, par Apis, 1/2 s. N.
Le Pin : depuis 1892.

KILBURN. — H. N.
B. 1888. — Manche.
Par *Utrecht*, 1/2 s. N., et *Volante*, par Quality, 1/2 s. N.
Sa grand'mère : par Victorieux, 1/2 s. N.
Saint-Lô : depuis 1892.

KILO (approuvé). — M. Le Marchand (1892).
B. 1888. — Normandie.
Par *Domino-Noir*, 1/2 s. N., et *N.*, par Lansborn, 1/2 s. N.
Saint-Lô : depuis 1892. — Non présenté pour la monte de 1896.

KILT. — H. N.
B. 1888. — Orne.
Par *Judis*, 1/2 s. N., et *Suzette*, par Palm, 1/2 s. N.
Le Pin : depuis 1892.

KIMONO. — H. N.
N. 1888. — Calvados.
Par *Union-Jack*, 1/2 s. N., et *Bijou*, par Sobriquet, 1/2 s. N.
Sa grand'mère : par Jules-César, 1/2 s. N.
Saint-Lô : 1892. — Abattu le 24 août 1896.

KING. — H. N.
B. 1888. — Manche.
Par *Domino-Noir*, 1/2 s. N., et *Sarah*, par Holback, 1/2 s. N.
Sa grand'mère : N., 1/2 s. N., par Don Quichotte, P. S. A.-A.
Saint Lô : 1892. — Castré le 9 novembre 1897.

KING (approuvé).
M. de Tesson, 1892 ; M. Le Marchand, 1893.
Bb. 1888. — Normandie.
Par *Frondeur*, 1/2 s. N., et *N.*, par Lavater, 1/2 s. N.
Saint-Lô : depuis 1892.

KINGSTON. — H. N
B. 1888. — Manche.
Par *Franconi*, 1/2 s. N., et *Papillon*, 1/2 s. N.,
par Shamrock, 1/2 s. A.
Sa grand'mère : par Macouba, 1/2 s. N.
Saint-Lô : depuis 1892.
Mort le 28 novembre 1894.

KIOSQUE (approuvé). — M. Blier.
N. 1888. — Normandie.
Par *Facteur*, 1/2 s. N., et *N.*, par Vol-au-Vent, 1/2 s. N.
Saint-Lô : depuis 1892.

KIOTO. — H. N.
Bb. 1888. — Manche.
Par *Bataillon*, 1/2 s. N., et *Catin*, par Intact, 1/2 s. N.
Saint-Lô : depuis 1892.

KIRGHIZ (accepté). — M. Lecoispellier.
Ro. 1888. — Normandie.
Par *Cicéron*, 1/2 s. N., et une fille de Faliéro, 1/2 s. N.
Le Pin : depuis 1892.

KIRGHIZ, ex-**ROB-ROY**. — H. N.
B. 1888. — Sarthe.
Par *Uriel*, 1/2 s. N., et *Bluette*, par Patricien, P. S. A.
Le Pin : 1892-1894. — Réformé.

KIRSCH. — H. N.
B. 1888. — Orne.
Par *Etudiant*, 1/2 s. N., et *Fatma*, par Serpolet-Bai, 1/2 s. N.
Le Pin : depuis 1892.

KIRSCH. — H. N.
B. 1888. — Orne.
Par *Etudiant*, 1/2 s. N., et *Glaneuse*, par Parthénon, 1/2 s. N.
Sa grand'mère : N., par Séducteur, 1/2 s. N.
Sa bisaïeule : N., 1/2 s. N., par Tipple-Cider, P. S. A.
Sa trisaïeule : N., 1/2 s. N., par Sylvio, P. S. A.
Saint-Lô : depuis 1892.

KISLAR-AGA. — H. N.
N. 1888. — Calvados.
Par *Phare*, 1/2 s. N., et *Sensible*, par Anacharsis, 1/2 s. N.,
Le Pin : 1892-1895. — Réformé.

KISS (approuvé). — M. L. Hardy, 1892.
Bb. 1888. — Normandie.
Par *Ministère*, P. S. A., et *N.*, par Ignoré, 1/2 s. N.
Saint Lô : depuis 1892.

KISS. — H. N.
Al. 1888. — Orne.
Par *Vigilant*, P. S. A., et *Trompeuse*, 1/2 s. N., par Fitz-Pantaloon, P. S. A.
Sa grand'mère : par Séducteur, 1/2 s. N.
Saint-Lô : depuis 1892.

KLÉBER (approuvé). — M. Lechaptois, 1894.
H. N., 1895.
N. 1888. — Manche.
Par *Rollon*, 1/2 s. N., et *N.*, par Lionceau, 1/2 s. N.
Sa grand'mère : par Solférino, 1/2 s. N.
Saint-Lô : depuis 1894.

KLÉBER. — H. N.
B. 1888. — Calvados.
Par *Valencourt*, 1/2 s. N., et *Orage*, par Irlandais, 1/2 s. N.
Saint-Lô : depuis 1892. — Castré le 26 novembre 1892.

KLEPHTE. — H. N.
B. 1888. — Manche.
Par *Frondeur*, 1/2 s. N., et *Voltige*, par Ménélas, 1/2 s. N.
Sa grand'mère : par Noirmont, 1/2 s. N. (approuvé).
Saint-Lô : depuis 1892.

KNIGHT. — H. N.
B. 1888. — Manche.
Par *Sorcier*, 1/2 s. N., et *Lisette*, par Saphir, 1/2 s. N.
Saint-Lô : 1892. — Mort le 7 mars 1896.

KNOUT (approuvé).
M. Lallouet.
B. 1888. — Orne.
Par *Usquébac*, 1/2 s. N., et *Coranthine*, par Quiclet, 1/2 s. N.
Le Pin : depuis 1892.

KNOX. — H. N.
B. 1888. — Calvados.
Par *Dunois*, 1/2 s. N., et *Lisette*, par Muphti, 1/2 s. N.,
Sa grand'mère : par Orphelin, P. S. A.
Sa bisaïeule : par Niger, 1/2 s. N.
Saint-Lô : depuis 1892.

KNOX (approuvé). — M. C. Hervieu.
B. 1888. — Calvados.
Par *Etendard*, 1/2 s. N., et *Lutine*, par Tamberlik, P. S. A.
Le Pin : depuis 1894.

KOCKLANI. — H. N.
Al. 1888. — Orne.
Par *Phaëton*, 1/2 s. N., et *Volupia*, par Nolleval, 1/2 s. N.
Le Pin : depuis 1893.

KOLBACH. — H. N.
B. 1888. — Manche.
Par *Espoir*, 1/2 s. N., et *Aubertine*, par Reynolds, 1/2 s. N.
Sa grand'mère : Sympathie, P. S. A.
Saint-Lô : 1892. — Castré le 27 août 1897.

KONICH (approuvé). — M. Pierre.
B. 1888. — Normandie.
Par *Fumet*, 1/2 s. N., et *N.*, par Radeau, 1/2 s. N.
Saint-Lô : depuis 1892. — Pas présenté pour la monte de 1893.

KONING (approuvé). — M. Veugeon.
N. 1888. — Normandie.
Par *Farnèse*, 1/2 s. N., et *N.*, par Utrecht, 1/2 s N.,
Saint-Lô : depuis 1893.

KOPECK. — H. N.
B. 1888. — Manche.
Par *Caprara*, 1/2 s. N., et *Blancpied*, par Tocqueville
Saint-Lô : 1892. — Castré le 23 août 1895.

KOPECK (approuvé). — M. Le Marchand, 1892.
B. 1888. — Normandie.
Par *Quality*, 1/2 s. N., et *N.*, par Newton, 1/2 s. N.
Saint-Lô : depuis 1892.

KORAN, 1/2 s. N. — H. N.
B. 1888. — Orne.
Par *Beaugé*, 1/2 s. N., et *Génoise*, par Quiclet, 1/2 s. N.,
Le Pin : depuis 1892.

KORRIGAN. — H. N.
B. 1888. — Calvados.
Par *Valère*, 1/2 s. N., et *File-Vite*, 1/2 s. N.
par Jackson, 1/2 s. A.
Sa grand'mère : par Juvigny, 1/2 s. N.
Saint-Lô : depuis 1892.

KOSIKI, ex-**KIRSCH**. — H. N.
B. 1888. — Manche.
Par *Colporteur*, 1/2 s. N., et *Bravade*, par Lavater, 1/2 s. N.
Sa grand'mère : Allumette, 1/2 s. N., par The Heir-of-Linne,
P. S. A.
Saint Lô : depuis 1892.

KOSSUTH. — H. N.
B. 1888. — Calvados.
Par *Tigris* et *Royale-Normande*, par Normand, 1/2 s. N.
Saint-Lô : depuis 1892.

KOTONOU. — H. N.
B. 1888. — Calvados.
Par *Don-Quichotte*, 1/2 s. N., et *Glorieuse*, par Unorthodox, 1/2 s. N.
Sa grand'mère : par Jactator, 1/2 s. N.
Saint-Lô : 1892. — Parti pour l'École vétérinaire d'Alfort le 29 novembre 1896.

KRAKEN. — H. N.
B. 1888. — Calvados.
Par *Eclaireur*, 1/2 s. N., et *Ellora*, par Ulrich II, 1/2 s. N.
Saint-Lô : 1892. — Castré le 19 août 1892.

KRAMOUSKI. — H. N.
N. 1888. — Orne.
Par *Cicéron II*, 1/2 s. N., et *Capucine*, par Valdempierre, 1/2 s. N.
Sa grand'mère : par Parthenon, 1/2 s. N.,
Saint-Lô : depuis 1892. — Castré le 18 août 1894.

KREIDER. — H. N.
B. 1888. — Calvados.
Par *Phare*, 1/2 s. N., et *Volupté*, par Ribaud, 1/2 s. N.
Le Pin : 1892-1895. — Réformé.

KREKAN. — H. N.
B. 1888. — Calvados.
Par *Phare*, 1/2 s. N., et *Brillante*, par Actéon, 1/2 s. N.
Le Pin : 1892-1895. — Réformé.

KREMLIN (approuvé). — Me Ve Lerceuley, 1892.
B. 1888. — Normandie.
Par *Esbly*, 1/2 s. N., et *N.*, par Volant, 1/2 s. N.
Saint-Lô : depuis 1892.

KRISS. — H. N.
N. 1888. — Orne.
Par *Jadis*, 1/2 s. N., et *Florence*, par Valdempierre, 1/2 s. N.
Le Pin : depuis 1892.

KRONPRINZ. — H. N.
B. 1888. — Manche.
Par *Carnavalet*, 1/2 s. N., et *Mademoiselle-d'Audouville*, par Ignoré, 1/2 s. N.
Sa grand'mère : N., par Giboyer, 1/2 s. N.
Sa bisaïeule : N., par Licteur, 1/2 s. N.
Sa trisaïeule : N., par Jay, 1/2 s. N.
Sa quadrisaïeule : N., 1/2 s. N., par Sir-Henry-Dinsdale, 1/2 s. A.
Saint-Lô : 1892. — Castré le 3 septembre 1896.

KRONSTADT, ex-**LIONCEAU**. — H. N.
B. 1888. — Sarthe.
Par *Cherbourg*, 1/2 s. N., et *Bluette*, par Quiclet, 1/2 s. N.
Sa grand'mère : Fleur-de-Genêt, par Gall, 1/2 s. N.
Saint-Lô : depuis 1892.

KURDE. — H. N.
B. 1888. — Manche.
Par *Shamrock*, 1/2 s. A., et *Orpheline*, par Sabre, P. S. A.
Sa grand'mère : par Hélios, 1/2 s. N.
Saint-Lô : 1892. — Castré le 16 décembre 1896.

KYMRIS. — H. N.
B. 1888. — Calvados.
Par *Phare*, 1/2 s. N., et *Mouton*, par Ribaud, 1/2 s. N.
Sa grand'mère : par Glorieux, 1/2 s. N.
Saint-Lô : depuis 1892.

KYRILLE, ex-**LUTTEUR**. — H. N.
Bb. 1888. — Eure.
Par *Tigris*, 1/2 s. N., et *Ordonnance*, par Y., 1/2 s. N.
Saint-Lô : 1892. — Castré le 28 novembre 1895.

LABOUREUR. — H. N.
B. 1867. — Orne.
Par *Bassompierre*, 1/2 s. N., *Pretender*, 1/2 s. A., ou *Noteur*, 1/2 s. N., et une 1/2 s. N., par Colcraine, 1/2 s. A.
Saint-Lô : 1871. — Abattu le 9 août 1890.

LABRADOR. — H. N.
B. 1889. — Orne.
Par *Cherbourg* et *Glorieuse*, par Séducteur, 1/2 s. N.
Sa grand'mère : Écolière, par Extase, 1/2 s. N.
Sa bisaïeule : Brillante, par Jéricko, 1/2 s. N.
Sa trisaïeule : Ida II, 1/2 s. N., par William, P. S. A.
Saint-Lô : depuis 1893.

LACRYMA-CHRISTI. — H. N.
Aub. 1889. — Calvados.
Par *Gévaudan*, 1/2 s. N., et *Gazelle*, par Oriental, 1/2 s. N
Sa grand'mère : par Gaulois, 1/2 s. N.
Saint-Lô : 1893. — Castré le 6 octobre 1897.

LADISLAS. — H. N.
Bb. 1889. — Manche.
Par *Colporteur*, 1/2 s. N., et *Feuille-de-Lierre*, par Reynolds, 1/2 s. N.
Sa grand'mère : Modestie, 1/2 s. N., par The Heir-of-Linne, P. S. A.
Sa bisaïeule : N., par Ugolin, 1/2 s. N.
Sa trisaïeule : N., par Lahore, 1/2 s. N.
Sa quadrisaïeule : N., 1/2 s. N., par Eastham, P. S. A.
Saint-Lô : depuis 1893.

LAHORE. — H. N.
Al. 1889. — Orne.
Par *Barrabas*, 1/2 s. N., et *Hébé*, 1/2 s. N., par Fataliste, P. S. A.
Sa grand'mère : par Centaure, 1/2 s. N.
Saint-Lô : depuis 1893.

LAITON. — H. N.
Bb. 1889. — Calvados.
Par *Delaware*, 1/2 s. N., et *Arlette*, par Unal, 1/2 s. N.
Sa grand'mère : par Sillery, 1/2 s. N.
Saint-Lô : depuis 1893.

LAMA. — H. N.
B. 1889. — Manche.
Par *Domino-Noir*, 1/2 s. N., et *Negrette*, par Sir-Edwin-Landsyer, 1/2 s. N.
Le Pin : depuis 1893.

LAMBALLE (accepté). — M. Enjourbault.
Al. 1890. — Manche.
Par *Mouton*, 1/2 s. N., et une fille de Mirliton, 1/2 s. N.
Saint-Lô : 1895-1897. — Pas présenté.

L'AMI (accepté). — M. Lesaulnier.
B. 1892. — Manche.
Par *Bien-Aimé*, 1/2 s. N., et *Liza*, 1/2 s. N.
Saint-Lô : 1896. — Pas présenté en 1897.

L'AMI (approuvé).
Me Lesaulnier, 1882; M. P. Lepileur, 1884; M. H. Busnel, 1893.
B. 1877. — Manche.
Par *Bijou*, 1/2 s. N., et *Lysette*, 1/2 s. N.
Saint-Lô : depuis 1882. — Vendu après la monte de 1893.

L'AMI (accepté). — M. Bonnissent.
Gr. 1890. — Manche.
Par *Cadix*, 1/2 s. N.
Saint-Lô : 1895. — Pas présenté en 1897.

L'AMI. — H. N.
Bb. 1878. — Orne.
Par *Parisien*, 1/2 s. N., et une fille de Faliéro, 1/2 s. N.
Le Pin : 1882-1894. — Réformé.

LANCASTRE (approuvé). — M. Pierre.
B. 1889. — Normandie.
Par *Caprara*, 1/2 s. N., et *N.*, par Guelfe, 1/2 s. N.
Saint-Lô : depuis 1893. — Vendu après la monte de 1893.

LANCE-A-MORT. — H. N.
B. 1889. — Calvados.
Par *Galba*, 1/2 s. N., et *Dame-de-Pique*, par Qui-Vive, 1/2 s. N.
Sa grand'mère : Pomme-d'Api, par Conquérant ou Illico, 1/2 s. N.
Sa bisaïeule : Cendrillon, par Conquérant.
Sa trisaïeule : Jument américaine.
Saint-Lô : depuis 1893.

LANDEAU (approuvé). — M. Pierre.
Bb. 1889. — Normandie.
Par *Raming*, 1/2 s. N., et *N.*, par Sir-Henry, 1/2 s. N.
Saint-Lô : depuis 1893.

LANGEAC. — H. N.
B. 1889. — Calvados.
Par *Templier*, 1/2 s. N., et *Bijou*, par Wild-Bird, P. S. A.
Saint-Lô : depuis 1893.

LANLEFF. — H. N.
B. 1889. — Calvados.
Par *Etendard*, 1/2 s. N., et *Fleur-de-Mai*, par Phaëton, 1/2 s. N.
Le Pin : depuis 1893.

LANNES. — H. N.
B. 1889. — Calvados.
Par *Espress*, 1/2 s. N., et *Conquérante*, par Apis, 1/2 s. N.
Sa grand'mère : par Conquérant, 1/2 s. N.
Sa bisaïeule : par J'y-Songerai, 1/2 s. N.
Sa trisaïeule : par Y., 1/2 s. N.
Saint-Lô : depuis 1893.

LANNION. — H. N.
B. 1889. — Manche.
Par *Fulminant*, 1/2 s. N., et *Mignonne*, par Uranine, 1/2 s. N.
Saint-Lô : depuis 1893.

LANSBORN. — H. N.
Bb. 1889. — Orne.
Par *Granier*, 1/2 s. N., et N., par Taconnet, 1/2 s. N.
Le Pin : depuis 1893.

LANSQUENET. — H. N.
Bb. 1889. — Calvados.
Par *Tigris*, 1/2 s. N., et *Coquette*, par Renémesnil, 1/2 s. N.
Le Pin : depuis 1893.

LAPÉROUSSE (approuvé). — M. Busnel.
B. 1889. — Normandie.
Par *Virgile*, 1/2 s. N., et *N.*, par Gloire, 1/2 s. N.
Sa grand'mère : par Ivanoff, P. S. A.
Saint-Lô : depuis 1893. — Pas présenté pour la monte de 1894.

LAPIDAIRE. — H. N.
N. 1889. — Orne.
Par *Cherbourg*, 1/2 s. N., et *Béatrix*, par Niger, 1/2 s. N.
Le Pin : depuis 1893.

LAPIN (accepté). — M. Leroy.
B. 1890. — Manche.
Par *Gourmet*, 1/2 s. N., et une fille de Nonant, 1/2 s. N.
Saint-Lô : depuis 1895.

LAPON. — H. N.
B. 1889. — Calvados.
Par *Express*, 1/2 s. N., et *Rigolette*, par Jactator, 1/2 s. N.
Sa grand'mère : par Villers, 1/2 s. N.
Saint-Lô : depuis 1893.

LARA. — H. N.
B. 1889. Manche.
Par *Écarté*, 1/2 s. N., et *Mignonne*, par Aveyron, 1/2 s. N.
Sa grand'mère : par Newton, 1/2 s. N.
Saint-Lô : depuis 1893.

LARMOR, ex-**LUTHÉRIEN**, ex-**LUMINO**. — H. N.
B. 1889. — Calvados.
Par *Etendard*, 1/2 s. N., et *Etourdie*, par Raifort, 1/2 s. N.
Le Pin : depuis 1893.

LASCAR (approuvé). — M. Daubichon.
B. 1889. — Normandie.
Par *Cicéron II*, 1/2 s. N.; et *Figurante*, par Phaëton, 1/2 s. N.
Le Pin : depuis 1897.

LATRAN. — H. N.
B. 1889. — Manche.
Par *Gasparin*, 1/2 s. N., et *Lisa*, par Sublime, 1/2 s. N.
Saint-Lô : depuis 1893

LAURIER. — H. N.
B. 1889. — Calvados.
Par *Estèphe* et *Brillante*, par Volcan, 1/2 s. N. (approuvé).
Sa grand'mère : N., 1/2 s. N., par Washington, 1/2 s. All.
Sa bisaïeule : N., par Niger, 1/2 s. N. (approuvé).
Saint-Lô : depuis 1893.

LAUTREC. — H. N.
B. 1889. — Orne.
Par *Fier-à-Bras*, 1/2 s. N., et *Fauniline*, par Quiclet, 1/2 s. N.
Le Pin : depuis 1893.

LAVABO, ex-**LAURÉAT**. — H. N.
B. 1889. — Manche.
Par *Dacapo*, 1/2 s. N., et *Papillon*, par Macouba, 1/2 s. N.
Sa grand'mère : par Urus, 1/2 s. N.
Saint-Lô : depuis 1893.

LAVATER II. — M. Loslier.
Bb. 1889. — Normandie.
Par *Gil-Blas*, 1/2 s. N., et *N.*, par Quine, 1/2 s. N.
Saint Lô : depuis 1893.

LAVOISIER, ex-**COLPORTEUR**. — H. N.
B. 1889. — Manche.
Par *Colporteur*, 1/2 s. N., et *Volante*, par Nicanor, 1/2 s. N.
Sa grand'mère : Sophie, 1/2 s. N., par Fire-Away, 1/2 s. A.
Saint-Lô : depuis 1893.

LAZARONE. — H. N.
B. 1889. — Calvados.
Par *Hardy*, 1/2 s. N., et *Belda*, par Noville, 1/2 s. N.
Le Pin : depuis 1893.

LAZZI, ex-**LANSQUENET**. — H. N.
B. 1889. — Calvados.
Par *Etendard*, 1/2 s. N., et *Fauvette V*, par Niger, 1/2 s. N.
Le Pin : depuis 1893.

LÉANDRE, ex-**SOT-L'Y-LAISSE**. — H. N.
B. 1889. — Sarthe.
Par *Edimbourg*, 1/2 s. N , et *Jeune-Elisa*, par Kapirat, 1/2 s. N.
Sa grand'mère : Elisa, 1/2 s. N., por Corsair, 1/2 s. A.
Sa bisaïeule : Elise, 1/2 s. N., par Marcellus, P. S. A.
Sa trisaïeule : La Panachée, 1/2 s. N., par D. I. O., P. S. A.
Sa quadrisaïeule : La Belle Matador, par Matador, 1/2 s. N.
5e degré : N., 1/2 s. N., par Sommerset, 1/2 s. A.
Saint-Lô : depuis 1893.

LEIBNITZ. — H. N.
B. 1889. — Calvados.
Par *Gonzague*, 1/2 s. N., et *Lisette*, par Renaissant, ou Tigris, 1/2 s. N.
Sa grand'mère : par Liberator, 1/2 s. A.
Saint-Lô : depuis 1893.

LEMAN. — H. N.
B. 1889. — Orne.
Par *Etudiant*, 1/2 s. N., et *Fleur-d'Epine*, par Usquebac, 1/2 s. N.
Sa grand'mère : par Quiclet, 1/2 s. N.
Saint-Lô : depuis 1893.

LEMNOS. — H. N.
B. 1889. — Orne.
Par *Franklin*, 1/2 s. N., et *Cocotte*, par Saxon, 1/2 s. N.
Sa grand'mère : par Jactator, 1/2 s. N.
Saint-Lô : depuis 1893.

LENDEMAIN, ex-**NORMAND** (approuvé).
M. Richard.
B. 1889. — Normandie.
Par *Fripon*, 1/2 s. N., et *N.*, par Shamrock, 1/2 s. A.
Saint-Lô : 1893-1896. — Réformé après la monte.
(A fait la monte de 1893 sous le nom de *Normand II*.)

LENFANT. — H. N.
B. 1889. — Orne.
Par *Gastadour*, 1/2 s. N., et *Malvina*, par Usquebac, 1/2 s. N.
Le Pin : depuis 1893.

LÉOPARD. — H. N.
Al. 1889. — Manche.
Par *Ecarté*, 1/2 s. N., et *Bella*, par Félibien, 1/2 s. N.
Le Pin : 1893-1894. — Réformé.

L'ESTAFETTE (approuvé). — M. de Tesson.
Bb. 1889. — Normandie.
Par *Etendard*, 1/2 s. N., et *N.*, par Acquila, 1/2 s. N.
Saint-Lô : depuis 1894.

LEVEREAU. — H. N.
B. 1889. — Calvados.
Par *Eperlan*, 1/2 s. N., et *Fanchette*, par Thau, 1/2 s. N.
Le Pin : depuis 1893.

LEVRAUT, ex-**LEVEREAU.** — H. N.
Al. 1888. — Sarthe.
Par *Phaëton* et *Fleur-de-Genêt*, par Gall, 1/2 s. N.
Sa grand'mère : Belle-de-Jour, par Inkermann, 1/2 s. N.
Sa bisaïeule : N., 1/2 s. N., par Tripple-Cider, P. S. A.
Sa trisaïeule : N., 1/2 s. N., par Eylau, P. S. A.
Saint-Lô : depuis 1892.

LEVRIER, ex-**INCONNU.** — H. N.
B. 1889. — Manche.
Par *Esbly*, 1/2 s. N., et *Lisa*, par Sénéchal, 1/2 s. N.
Sa grand'mère : N., par Mirliton, 1/2 s. N.
Sa bisaïeule : N., 1/2 s. N., par Bravo, P. S. A.
Sa trisaïeule : N., par Camisard, 1/2 s. N.
Saint-Lô : depuis 1893.

LÉVRIER (accepté). — M. Salles.
B. 1888. — Manche.
Par *Sénéchal*, 1/2 s. N., et une fille d'Esbly, 1/2 s. N.
Saint-Lô : depuis 1897.

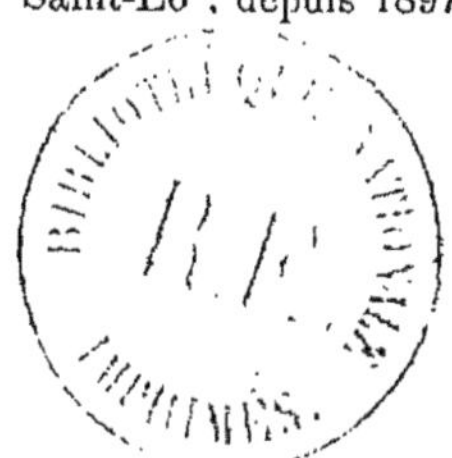

LIBAN. — H. N.
B. 1889. — Calvados.
Par *Domino-Noir*, 1/2 s. N., et *L'Etoile*, par Reynolds, 1/2 s. N.
Sa grand'mère : par Hussein, 1/2 s. N.
Saint-Lô : depuis 1893.

LIBÉRATEUR (approuvé). — M. H. Busnel.
Bb. 1889. — Normandie.
Par *Ermite*, 1/2 s. N., et *N.*, par Léotard, 1/2 s. N.
Saint-Lô : depuis 1893.

LIBERTIN. — H. N.
B. 1889. — Calvados.
Par *Favori*, 1/2 s. N., et *Basquine*, par Palm, 1/2 s. N.
Sa grand'mère : Juliette, par Mazeppa, 1/2 s. N.
Sa bisaïeule : N., par Oribe, 1/2 s. N.
Saint-Lô : 1893. — Castré le 9 novembre 1897.

LIGNIÈRES, ex-**CHERBOURG**. — H. N.
B. 1889. — Orne.
Par *Cherbourg*, 1/2 s. N., et *Fleur-de-Genêt*, par Courtois, P. S. A., ou Sir-Quid-Pigtail, P. S. A.
Le Pin : depuis 1893.

LILAS. — H. N.
B. 1889. — Orne.
Par *Fier-à-Bras*, 1/2 s. N., et *Pâquerette*, par Koping.
Sa grand'mère : par Séducteur, 1/2 s. N.
Saint-Lô : depuis 1893.

LIMIER, ex-**LUXEMBOURG**. — H. N.
B. 1889. — Manche.
Par *Colporteur*, 1/2 s. N., et *Miss-Boy*, par Pretty-Boy, P. S. A.
Sa grand'mère : par Divus, 1/2 s. N.
Sa bisaïeule : par Ravissant, 1/2 s. N.
Saint-Lô : depuis 1893.

LINCOLN (approuvé). — M. Lebeurrier, 1893.
B. 1889. — Normandie.
Par *Ballon*, P. S. A., et *N.*, par Ignoré, 1/2 s. N.
Saint-Lô : depuis 1893.

LINDOR. — H. N.
Bb. 1889. — Calvados.
Par *Etendard*, 1/2 s. N., et *Camélia*, par Montfort, P. S. A.
Sa grand'mère : Vaillante, par Interprète, 1/2 s. N.
Sa bisaïeule : N., par Buci, 1/2 s. N.
Sa trisaïeule : N., 1/2 s. N., par Ramsay, P. S. A.
Saint-Lô : depuis 1893.

LINGÈVRES. — H. N.
B. 1889. — Calvados.
Par *Calas*, 1/2 s N., et *Julie*, par Sabinus, 1/2 s. N.
Sa grand'mère : par Regret, 1/2 s. N. (approuvé).
Saint-Lô : 1893. — Réformé et castré le 28 novembre 1895.

LINGOT-D'OR. — H. N.
Al. 1889. — Manche.
Par *Fontenay*, 1/2 s. N., et *Rigolette*, 1/2 s. N., par Sidi, P. S. Ar.
Sa grand'mère : par Castor (approuvé), 1/2 s. N.
Saint-Lô : depuis 1893.

LIONCEAU (approuvé). — M. Loslier.
B. 1880. — Manche.
Par *Hélios*, 1/2 s. N., et *Lise*, par Quine, 1/2 s. N.
Sa grand'mère : par Lagopède, 1/2 s. N.
Saint-Lô : depuis 1884.

LISAMBART. — H. N.
B. 1889.— Manche.
Par *Sorcier*, 1/2 s. N., et *Margot*, par Lansborn (approuvé), 1/2 s. N.
Le Pin : depuis 1893.

LISIEUX. — H. N.
B. 1889. — Calvados.
Par *Denain*, 1/2 s. N., et *Mina*, par Union-Jack, 1/2 s. N.
Sa grand'mère ; par Bisson, 1/2 s. N.
Saint-Lô : 1893. — Réformé et castré le 23 août 1895.

LISON. — H. N.
B. 1889. — Orne.
Par *Usquebac*, 1/2 s. N., et *Fleur-de-Mai*, par Quiclet, 1/2 s. N.
Sa grand'mère : N., par Solide, 1/2 s. N.
Sa bisaïeule : Diane, 1/2 s. N., par Eylau, P. S. A.-A.
Sa trisaïeule : Vendetta, par Mahomet, 1/2 s. N.
Saint-Lô : depuis 1893.

LIVAROT (approuvé). — M. Lemardelé.
Bb. 1889. — Normandie.
Par *Quality*, 1/2 s. N., et *N.*, par Ministère, P. S. A
Saint-Lô : depuis 1893.

LIVE. — H. N.
B. 1889. — Manche.
Par *Fontenay*, 1/2 s. N., et *Surprise*, par J'y-Songerai, 1/2 s.
Sa grand'mère : Elisa, par Corsair, 1/2 s. A.
Sa bisaïeule : Elise, par Marcellus, P. S. A.
Sa trisaïeule : La Panachée, par D.-I.-O., P. S. A.
Saint-Lô : depuis 1893.

LIVERPOOL. — H. N.
B. 1889. — Calvados.
Par *Don-Quichotte*, 1/2 s. N., et *Miss-Quality*, par Quality, 1/2 s.
Sa grand'mère : par Ignoré, 1/2 s. N.
Saint-Lô : depuis 1893.

LIVET. — H. N.
B. 1882. — Sarthe.
Par *Phaëton*, 1/2 s. N., et *Capucine*, par Crocus, 1/2 s. A., ou Lavater, 1/2 s. N.
Le Pin : depuis 1887.

LIVINGSTONE. — H. N.
B. 1889. — Manche.
Par *Farnèse*, 1/2 s. N., et *Lisa*, par Tocqueville, 1/2 s. N. (approuvé).
Sa grand'mère : N., par Pont-à-Mousson, 1/2 s. N. (approuvé).
Saint-Lô : 1893. — Castré le 18 août 1894.

LOBAU, ex-**LILAS**. — H. N.
Al. 1889. — Orne.
Par *Phaëton*, 1/2 s. N., et *Voltigeuse*, par Parthénon ou Gall, 1/2 s. N.
Le Pin : 1893-1895. — Mort.

LOKART. — H. N.
B. 1889. — Manche.
Par *Fannion*, 1/2 s. N., et *Finette*, par Nagel, 1/2 s. N.
Sa grand'mère : par Laboureur, 1/2 s. N.
Saint-Lô : depuis 1893.

LOLIF. — H. N.
B. 1889. — Manche.
Par *Santerre*, 1/2 s. N., et *Bergère*, par Macouba, 1/2 s. N.
Le Pin : 1893. — Réformé en 1894.

LONGUEVILLE. — H. N.
B. 1889. — Manche.
Par *Phare*, 1/2 s. N., et *Bijou*, par Garde-à-Vous, 1/2 s. N.
Sa grand'mère : N., par Courcy, 1/2 s. N. (approuvé).
Saint-Lô : 1893. — Castré le 27 août 1897.

LOQUACE. — H. N.
B. 1889. — Calvados.
Par *Dollar*, 1/2 s. N., et *Reblot*, par Valentino, 1/2 s. N.
Sa grand'mère : par Institut, 1/2 s. N. (approuvé).
Saint-Lô : 1893. — Castré le 27 août 1897.

LOQUETON (approuvé).
M. Perdriel, 1893 ; M. Delarue, 1895 ; M. Allain, 1896.
Bb. 1889. — Normandie.
Par *Shamrock*, 1/2 s. A., et *N.*, par Bon-Espoir, 1/2 s. N.
Saint-Lô : depuis 1893.

LOREDAN (accepté). — M. Lebaudy.
B. 1889. — Normandie.
Par *Espadem*, 1/2 s. N., et une fille de Volant, 1/2 s. N.
Le Pin : depuis 1893.

LORIOT (approuvé). — M. de Tesson, 1894.
Bb. 1889. — Normandie.
Par *Tigris*, /2 s. N., et *N.*, par Normand, 1/2 s. N.
Saint-Lô : depuis 1894.

LOTO. — H. N.
Bb. 1889. — Orne.
Par *Fier-à-Bras*, 1/2 s. N., et *Minerve*, par Serpolet-Bai, 1/2 s. N.
Sa grand'mère : Pégriote, par Elu, 1/2 s. N.
(Voir *Minerve*, T. II).
Saint-Lô : depuis 1894.

LOUIS-D'OR. — H. N.
Al. 1889. — Manche.
Par *Reynolds*, 1/2 s. N., et *Bochard*, par J'y-Songerai, 1/2 s. N.
Sa grand'mère : par Kapirat, 1/2 s. N.
Saint-Lô : 1893. — Mort le 22 mai 1896.

LOUQSOR. — H. N.
B. 1889. — Calvados.
Par *Delaware*, 1/2 s. N., et *Rigolette*, par Duguesclin, 1/2 s. N.
Le Pin : depuis 1893.

LOUSTIC. — H. N.
B. 1889. — Calvados.
Par *Hardy*, 1/2 s. N., et *Conquête*, par Conquérant, 1/2 s. N.
Sa grand'mère : par Carignan, 1/2 s. N.
Saint-Lô : 1893. — Castré le 27 août 1897.

LOUVAIN — H. N.
B. 1889. — Manche.
Par *Follet*, 1/2 s. N., et *Coquette*, par Dagobert, 1/2 s. N.
Le Pin : depuis 1893.

LOUVIGNY. — H. N.
B. 1889. — Manche.
Par *Colporteur*, 1/2 s. N., et *Palatine*, par Palatin, P. S. A.
Le Pin : depuis 1893.

LOUVOIS. — H. N.
B. 1889. — Manche.
Par *Gibraltar*, 1/2 s. N., et *Castille*, par Agnadel, 1/2 s. N.
Sa grand'mère : par Nadar, 1/2 s. N.
Saint Lô : depuis 1893.

LOYAL. — H. N.
N. 1884. — Seine-Inférieure.
Par *Serviteur*, 1/2 s. N., et *Malgré-Moi*, 1/2 s. N. par *Trotting Rattler*, 1/2 s. A.
Sa grand'mère : une jument anglaise importée.
Saint-Lô : 1891. — Castré le 3 décembre 1891.

LOZARIO. — H. N.
B. 1889. — Calvados.
Par *Gareston*, 1/2 s. N., et *Capucine*, par Irlandais ou Esculape, 1/2 s. N.
Sa grand'mère : par Taconnet, 1/2 s. N.
Saint-Lô : 1893. — Castré le 3 septembre 1896.

LUCIFER. — H. N.
N. 1889. — Orne.
Par *Cherbourg*, 1/2 s. N., et *Volupté*, par Niger, 1/2 s. N.
Le Pin : depuis 1893.

LUISANT (approuvé). — M. Lelégard.
Bb. 1889. — Normandie.
Par *Utrecht*, 1/2 s. N., et par Cauchemar, 1/2 s. N.
Saint-Lô : depuis 1893.

LUNDI. — H. N.
B. 1889. — Manche.
Par *Filateur* et *Bijou*, par Betting, 1/2 s. N.
Sa grand'mère : N., par Ménélas, 1/2 s. N.
Sa bisaïeule : N., par Dartagnan, 1/2 s. N.
Saint-Lô : 1893. — Réformé et castré le 16 novembre 1894.

LUNEL. — H. N.
B. 1889. — Calvados.
Par *Gévaudan*, 1/2 s. N., et *Glorieuse*, par Oriental, 1/2 s. N.
Sa grand'mère : par Soldat, 1/2 s. N.
Saint-Lô : 1893. — Castré depuis le 10 novembre 1894.

LURON. — H. N.
Al. 1889. — Calvados.
Par *Etendard*, 1/2 s. N., et *Pauvrette*, par Domino-Noir, 1/2 s. N.
Sa grand'mère : par Ambition, 1/2 s. A.
Saint-Lô : depuis 1893.

LUSIGNAN (approuvé). — M. Pierre.
B. 1889. — Normandie.
Par *Utrecht*, 1/2 s. N., et *N.*, par Invariable, 1/2 s. N.
Saint-Lô : depuis 1893.

LUSTUCRU. — H. N.
B. 1889. — Manche.
Par *Colporteur*, 1/2 s. N., et *Aurore*, par Lavater, 1/2 s. N.
Sa grand'mère : Miss-The-Heir-of-Linne, 1/2 s. N., par The Heir-of-Linne, P. S. A.
Sa bisaïeule : La Kapirat, par Kapirat, 1/2 s. N.
Sa trisaïeule : N., 1/2 s. N., par Adolphus, P. S. A.
Saint-Lô : depuis 1893.

LUTIN. — H. N.
B. 1889. — Manche.
Par *Diplomate*, 1/2 s. N., et *Fanny*, par Etain, P. S. A.
Sa grand'mère : N., par Quotient, 1/2 s. N.
Sa bisaïeule : N., par Dagobert, 1/2 s. N.
Saint-Lô : 1893. — Castré le 3 septembre 1896.

LUXEMBOURG. — H. N.
B. 1889. — Manche.
Par *Utrecht*, 1/2 s. N., et *Bijou*, par Villiers, 1/2 s. N. (approuvé).
Sa grand'mère : par Bouton, 1/2 s. N. (approuvé).
Saint-Lô : depuis 1893.

LYCOPODE. — H. N.
B. 1889. — Manche.
Par *Espoir*, 1/2 s. N., et *Madame-Pouffard*, par Lavater, 1/2 s. N.
Sa grand'mère : par Hussein, 1/2 s. N.
Saint-Lô : 1893. — Castré le 28 octobre 1893.

LYCURGUE. — H. N.
B. 1889. — Manche.
Par *Utrecht*, 1/2 s. N., et *La Petite*, par Quickly, 1/2 s. N.
Sa grand'mère : par Paddy, 1/2 s. N. (approuvé).
Saint-Lô : 1893. — Castré le 24 novembre 1896.

LYDIEN. — H. N.
B. 1889. — Manche.
Par *Follet*, 1/2 s. N., et *Rosette*, par Hussein, 1/2 s. N.
Sa grand'mère : par Sir-Henry, 1/2 s. N.
Saint-Lô : depuis 1893.

LYNX, ex-**GIBRALTAR.**
B. 1889. — Manche.
Par *Gibraltar* et *Quality*, par Quality, 1/2 s. N.
Sa grand'mère : Newtone, par Newton, 1/2 s. N.
Sa bisaïeule : Agenda, par Agenda, 1/2 s. N.
Sa trisaïeule : Ugoline, par Ugolin, 1/2 s. N.
Sa quadrisaïeule : N., par Electeur, 1/2 s. N.
Saint-Lô : depuis 1893.

MACARONI. — H. N.
B. 1890. — Calvados.
Par *Tigris*, 1/2 s. N., et *Italienne*, par Acquila, 1/2 s. N.
Sa grand'mère : Arlette, par Normand, 1/2 s. N.
Sa bisaïeule : par Conquérant, 1/2 s. N.
Sa trisaïeule : par Perruquier, 1/2 s. N. (approuvé).
Sa quadrisaïeule : par Succès, 1/2 s. N.
Saint-Lô : 1894. — Castré le 27 août 1897.

MAC-GREGOR. — H. N.
B. 1890. — Calvados.
Par *Hardy*, 1/2 s. N., et *Fétiche*, par Rivoli, 1/2 s. N.
Sa grand'mère : Royale-Normande, par Normand, 1/2 s. N.
Sa bisaïeule : Royale-Topaze, P. S. A.
Saint-Lô : depuis 1894.

MAC-NAB. — H. N.
B. 1890. — Calvados.
Par *Etendard*, 1/2 s. N., et *Hermine*, 1/2 s. N., par Suffolk, P. S. A
Le Pin : depuis 1894.

MACOUBA. — H. N.
B. 1890. — Orne.
Par *Cherbourg*, 1/2 s. N., et *Harmonie*, par Conquérant, 1/2 s. N.
Sa grand'mère : par Thorigny, 1/2 s. N.
Sa bisaïeule : Harlow, 1/2 s. N , par The Norfolk-Phœnomenon, 1/2 s. A.
Saint-Lô : depuis 1894.

MACOUBA. — H. N.
B. 1890. — Manche.
Par *Follet*, 1/2 s. N., et *Rapide*, par Spectre, 1/2 s. N.
Le Pin : depuis 1894.

MADAGASCAR. — H. N.
N. 1890. — Manche.
Par *Céladon*, 1/2 s. N., et *Bijou*, par Antipode, 1/2 s. N. (approuvé).
Sa grand'mère : par Pont-à-Mousson, 1/2 s. N. (approuvé).
Saint-Lô : 1894. — Castré le 24 novembre 1896.

MADAR, ex-**MOUSQUETAIRE**. — H. N.
Bb. 1890. — Calvados.
Par *Saint-Rigomer* ou *Eclaireur*, 1/2 s. N., et *La Montaigne*, par Interprète, 1/2 s. N.
Sa grand'mère : Léa, par Montaigne, 1/2 s. N.
Sa bisaïeule : N., par Mahomet, 1/2 s. N.
Saint-Lô : depuis 1894.

MADRAS. — H. N.
B. 1890. — Manche.
Par *Extra*, 1/2 s. N., et *Castille*, par Connétable, 1/2 s. N.
Le Pin : 1894-1895. — Réformé.

MADRAS. — H. N.
Bb. 1890. — Manche.
Par *Farnèse*, 1/2 s. N., et *Castille*, par Saint-Cloud, 1/2 s. N.
Sa grand'mère : par Cancale, 1/2 s. N. (approuvé).
Saint-Lô : depuis 1894.

MADRÉ (approuvé). — M. Lebel.
B. 1890. — Normandie.
Par *Franconi*, 1/2 s. N., et *N.*, par Shamrock, 1/2 s. A.
Sa grand'mère : par Urus, 1/2 s. N.
Saint-Lô : depuis 1894.

MAGE, — H. N.
B. 1890. — Calvados.
Par *Hardy*, 1/2 s. N., et *Bluette*, par Tigris, 1/2 s. N.
Sa grand'mère : Rigolette II, par Abrantès, 1/2 s. N.
Saint-Lô : 1894. — Castré le 28 novembre 1895.

MAGENTA. — H. N.
Bb. 1890. — Orne.
Par *Edimbourg*, 1/2 s. N., et *Esméralda*, par Elu, 1/2 s. N.
Sa grand'mère : Alphérie, 1/2 s. N., par Fitz-Pantaloon, P. S. A.
Sa bisaïeule : Ida II, 1/2 s. N., par William, P. S. A.
Sa trisaïeule : Ida, 1/2 s. N., par Basly, 1/2 s. N.
Saint-Lô : 1894. — Mort le 24 octobre 1894.

MAGICIEN (approuvé). — M. Duguey-Cher.
B. 1890. — Normandie.
Par *Exéat*, 1/2 s. N., et *N.*, par Vite, 1/2 s. N.
Sa grand'mère : par Bon-Espoir, 1/2 s. N.
Saint-Lô : depuis 1895.

MAGNIFIQUE. — H. N.
Bb. 1890. — Manche.
Par *Tourville*, 1/2 s. N., et *La Petite*, par Pont-à-Mousson, 1/2 s. N.
Sa grand'mère : par Ballinkeele, P. S. A.
Saint-Lô : 1894. — Castré le 24 novembre 1896.

MAHÉ. — H. N.
B. 1890. — Orne.
Par *Cherbourg*, 1/2 s. N., et *Formosa*, par Niger, 1/2 s. N.
Sa grand'mère : Confiance, par Gaulois, 1/2 s. N.
Sa bisaïeule : N., 1/2 s. N., par Brocardo, P. S. A.
Sa trisaïeule : N., 1/2 s. N., par Performer, 1/2 s. A.
Sa quadrisaïeule : N., 1/2 s. N., par Massoud, P. S. Ar.
Saint-Lô : depuis 1894.

MAHOMET. — H. N.
B. 1890. — Orne.
Par *Fuschia*, 1/2 s. N., et *Aliste*, par Niger, 1/2 s. N.
Sa grand'mère : Eglantine, par Taconnet, 1/2 s. N.
Sa bisaïeule : N., 1/2 s. N., par Wild-Fire, 1/2 s. A.
Saint-Lô : depuis 1894.

MAHOMET II. — H. N.
B. 1890. — Orne.
Par *Etudiant*, 1/2 s. N., et *La Serrière*, par Quiclet, 1/2 s. N.
Le Pin : depuis 1894.

MAJESTÉ. — H. N.
B. 1890. — Calvados.
Par *Hexamètre*, 1/2 s. N., et *Reblot*, par Léotard, 1/2 s. N.
Le Pin : depuis 1894.

MAJESTUEUX. — H. N.
Bb. 1890. — Orne.
Par *Havas* ou *Gérardmer*, 1/2 s. N., et *Serpolette*, par Héros, 1/2 s. N.
Sa grand'mère : Diane, 1/2 s. N.
Saint-Lô : 1894. — Castré le 28 novembre 1895.

MAJOR. — H. N.
B. 1890. — Orne.
Par *Édimbourg*, 1/2 s. N., et *Printanière*, par Vermonth, P. S. A.
Sa grand'mère : Trompeuse, 1/2 s. N., par Fitz-Pantaloon, P. S. A.
Sa bisaïeule : N., par Séducteur, 1/2 s. N.
Saint-Lô : depuis 1894.

MALAGA. — H. N.
Bb. 1890. — Orne.
Par *Cherbourg*, 1/2 s. N., et *Conquête*, par Conquérant, 1/2 s. N.
Sa grand'mère : N., par Niger, 1/2 s. N.
Sa bisaïeule : N., par Centaure, 1/2 s. N.
Sa trisaïeule : N., 1/2 s. N., par Tipple-Cider, P. S. A.
Saint-Lô : depuis 1894.

MALAKOFF. — H. N.
B. 1890. — Calvados.
Par *Stade*, 1/2 s. N., et *Flora*, par Duroc, 1/2 s. N..
Sa grand'mère : par Roncevaux, 1/2 s. N.
Saint-Lô : depuis 1894.

MALANDRIN. — H. N.
B. 1890. — Calvados.
Par *Fumet*, 1/2 s. N., et *Surprise*, par Jactator, 1/2 s. N.
Le Pin : depuis 1894.

MALTOT (approuvé). — M. Busnel.
B. 1890. — Normandie.
Par *Gasparin*, 1/2 s. N., et *N.*, par Ugolin, 1/2 s. N.
Sa grand'mère : Une 1/2 s. N., par The Heir-of-Linne, P. S. A.
Saint-Lô : depuis 1894.
N'a pas été présenté à l'approbation pour la monte de 1897.

MAMERTIN. — H. N.
Bb. 1890. — Sarthe.
Par *Elan*, 1/2 s. N., et *Favorite*, par Phaëton, 1/2 s. N.
Sa grand'mère : Bluette, par Quiclet, 1/2 s. N.
Sa bisaïeule : N., par Gall, 1/2 s. N.
Sa trisaïeule : N., par Inkermann, 1/2 s. N.
Sa quadrisaïeule : N., 1/2 s. N., par Tipple-Cider, P. S. A.
5e degré : N., 1/2 s. N., par Eylau, P. S. A.-A.
Saint-Lô : 1894. — Castré le 24 novembre 1896.

MANCINI. — H. N.
B. 1890. — Orne.
Par *Edimbourg*, 1/2 s. N., et *Giselle*, par Phaëton, 1/2 s. N.
Sa grand'mère : Rosamonde, par Quiclet, 1/2 s. N.
(Voir *Giselle*, T. II, et *Hallencourt*, T. I.)
Saint-Lô : depuis 1894.

MANDARIN (approuvé). — Me Merlin.
N. 1886. — Normandie.
Par *Serviteur* (approuvé), 1/2 s. N., et *L'Abbaye*.
Le Pin : depuis 1892.

MANDARIN (approuvé). — M. Belloir.
B. 1890. — Normandie.
Par *Dacapo*, 1/2 s. N., et *N.*, par Conquérant, 1/2 s. N.
Sa grand'mère : par The Norfolk-Phœnomenon, 1/2 s. A.
Saint-Lô : depuis 1894.

MARABOUT. — H. N.
B. 1890. — Orne.
Par *Don-Quichotte*, 1/2 s. N., et une fille d'Interprète, 1/2 s. N.
Sa grand'mère : par Rêche, 1/2 s. N.
Saint-Lô : depuis 1894.

MARAT. — H. N.
B. 1890. — Manche.
Par *Guerroyeur*, 1/2 s. N., et *Mignonne*, par Champagne 1/2 s. N. (approuvé),
Saint-Lô : 1894. — Abattu le 22 août 1895.

MARCASSIN. — H. N.
Bb. 1890. — Manche.
Par *Colporteur*, 1/2 s. N., et *Flamme*, par Lavater, 1/2 s. N.
Le Pin : depuis 1894.

MARCEAU (approuvé). — M. Guillerme.
B. 1890. — Manche.
Par *Colporteur*, 1/2 s. N., et *N.*, par Télémaque.
Sa grand'mère : par Kapirat, 1/2 s. N.
Saint-Lô : depuis 1895.

MARCELET. — H. N.
B. 1890. — Orne.
Par *Cherbourg*, 1/2 s. N., et *Farandole*, par Phaëton, 1/2 s. N.
Sa grand'mère : Conquête, par Conquérant, 1/2 s. N.
Sa bisaïeule : Mazurka, par Inkermann, 1/2 s. N.
Sa trisaïeule : Cocotte, par Noteur, 1/2 s. N.
Saint-Lô : depuis 1894.

MARCHEUR. — H. N.
Bb. 1890. — Manche.
Par *Colporteur*, 1/2 s. N., et *Epinglette*, par Lavater, 1/2 s. N.
Sa grand'mère : Stella, P. S. A., par Montfort, P. S. A.
Sa bisaïeule : N., 1/2 s. N., par Affidavit, P. S. A.
Saint-Lô : depuis 1894.

MARCHEUR. — H. N.
B. 1890. — Manche.
Par *Shamrock*, 1/2 s. A., et *Orpheline*, par Sabre, 1/2 s. N.
Le Pin : 1894. — Réformé en 1894.

MARCHIS. — H. N.
B. 1890. — Manche.
Par *Dacapo*, 1/2 s. N., et *Sonnette*, 1/2 s. N., par Shamrock, 1/2 s. A.
Sa grand'mère : par Géant-des-Batailles, P. S. A.
Saint-Lô : depuis 1894.

MARENGO. — H. N.
B. 1890. — Sarthe.
Par *Edimbourg*, 1/2 s. N., et *Verveine*, par Phaéton, 1/2 s. N.
Sa grand'mère : Brillante, par Abrantès, 1/2 s. N.
Sa bisaïeule : N., 1/2 s. N., par Tipple-Cider, P. S. A.
Sa trisaïeule : N., 1/2 s. N., par Eylau, P. S. A.-A.
Saint-Lô : depuis 1894.

MARIGNAN. — H. N.
B. 1868. — Orne.
Par *The Norfolk-Phœnomenon*, 1/2 s. A., et une fille de Pledge, 1/2 s. N.
Sa grand'mère : fille de Tipple-Cider, P. S. A.
Sa bisaïeule : par Sylvio, P. S. A.
Le Pin : 1872. — Réformé en 1891.

MARQUIS (autorisé). — M. d'Imbleval.
Ro. 1890. — Normandie.
Par *Serpolet-Rouau*, 1/2 s. N., et *Marquise*, par Potentat, 1/2 s. N.
Le Pin : depuis 1895.

MARTEL. — H. N.
B. 1890. — Orne.
Par *Gérardmer*, 1/2 s. N., et *Camélia*, par Norfolk-Trotter, 1/2 s. A.
Sa grand'mère : Octavie, par Taconnet, 1/2 s. N.
Saint-Lô : 1894. — Parti pour l'École vétérinaire d'Alfort le 29 novembre 1896.

MARTIAL. — H. N.
B. 1890. — Orne.
Par *Cherbourg*, 1/2 s. N., et *Voilette*, par Fataliste, P. S. A.
Le Pin : depuis 1894.

MASTRILLO. — H. N.
Al. 1890. — Orne.
Par *Gérardmer*, 1/2 s. N., et *Albertine*, par Norfolk-Trotter, 1/2 s. A.
Sa grand'mère : N., par Valdémar, 1/2 s. N.
(Voir *Albertine*, T. II.)
Saint-Lô : depuis 1894.

MATADOR. — H. N.
B. 1890. — Calvados.
Par *Ermite*, 1/2 s. N., et *Rapide*, par Orfila, 1/2 s. N.
Sa grand'mère : par Grégoire, 1/2 s. N. (approuvé).
Saint-Lô : depuis 1894.

MATINAL (approuvé de 1878 à 1895 ; accepté en 1896).
M. F. Léveillé.
B. 1874. — Manche.
Par *Bravo*, P. S. A., et une fille de Volcan, 1/2 s. N.
Saint-Lô : 1878-1897. — Pas présenté.

MATINAL, ex-**MARENGO**. — H. N.
Al. 1890. — Manche.
Par *Fontenay*, 1/2 s. N., et *Infidèle*, par Reynolds, 1/2 s. N.
Sa grand'mère : Virgule, par Lavater, 1/2 s. N.
(Voir *Infidèle*, T. II).
Saint-Lô : depuis 1894.

MAUBEUGE (approuvé). — M. Le Marchand.
B. 1890. — Manche.
Par *Colporteur*, 1/2 s. N., et *N.*, par Ugolin, 1/2 s. N.
Sa grand'mère : par Paladin, P. S. A.
Saint-Lô : depuis 1894.

MAULÉON (approuvé). — M. Morcel.
N. 1890. — Normandie.
Par *Union-Jack*, 1/2 s. N., et *N.*, par Jules-César, 1/2 s. N.
Sa grand'mère : par Essence, 1/2 s. N.
Saint-Lô : depuis 1894.

MAYENCE. — H. N.
B. 1890. — Manche.
Par *Tourville*, 1/2 s. N., et *La Petite*, par Egésippe, 1/2 s. N.
Sa grand'mère: par Scapin, 1/2 s. N.
Saint-Lô : depuis 1894.

MAYENNE. — H. N.
B. 1890. — Orne.
Par *Etudiant*, 1/2 s. N., et *Fleur-d'Orange*, par Abrantès, 1/2 s. N.
Sa grand'mère : N., par Utrecht, 1/2 s. N.
Sa bisaïeule : N., par Tipple-Cider, P. S. A.
Saint-Lô : 1894-27 août 1897.

MAXICO. — H. N.
B. 1890. — Calvados.
Par *Don-Quichotte*, 1/2 s. N., et *Ophelia*, 1/2 s. N., par Montfort, P. S. A.
Sa grand'mère : par Interprète, 1/2 s. N.
Saint-Lô : 1894. — Castré le 16 novembre 1894.

MÈDOC (accepté). — M. Lebaudy.
B. 1890. — Normandie.
Par *Alsacien*, 1/2 s. N., et une fille de Quarteron, 1/2 s. N.
Le Pin : depuis 1894.

MÉFIEZ-VOUS. — H. N.
Bb. 1890. — Calvados.
Par *Tigris*, 1/2 s. N., et *Tyrolienne*, par Conquérant, 1/2 s. N.
Sa grand'mère : N., 1/2 s. N., par Débardeur, P. S. A.
Saint-Lô : depuis 1894.

MELBOURNE (autorisé). — M. Lebeugé.
B. 1890. — Manche.
Par *Farnèse*, 1/2 s. N., et *N.*, par Utrecht, 1/2 s. N.
Saint-Lô : 1894. — Pas présenté en 1895.

MENZIKOFF. — H. N.
B. 1890. — Manche.
Par *Eson*, 1/2 s. N., et *Lisette*, par Télémaque, 1/2 s. N.,
Sa grand'mère : par Inkermann, 1/2 s. N. (approuvé).
Saint-Lô : 1895. — Castré le 27 août 1897.

MERRY (accepté). — M. Lebeuzey.
B. 1890. — Manche.
Par *Fontenay*, 1/2 s. N., et une fille d'Aristocrate, 1/2 s. N.
Sa grand'mère : 1/2 s. N., par Pretty-Boy, P. S. A.
Saint-Lô : depuis 1895.

MERVILLE. — H. N.
B. 1890. — Orne.
Par *Edimbourg*, 1/2 s. N., et *Glaneuse*, par Parthenon, 1/2 s. N.
Sa grand'mère : par Séducteur, 1/2 s. N.
(Voir *Glaneuse*, T. II).
Saint-Lô : depuis 1894.

MESLAY. — H. N.
Al. 1890. — Calvados.
Par *Saint-Rigomer*, 1/2 s. N., et *Athalante*,
par Racoleur, 1/2 s. N.
Le Pin : depuis 1894.

MESSAGE. — H. N.
B. 1890. — Orne.
Par *Cherbourg*, 1/2 s. N., et *Lucrèce*, par Centaure, 1/2 s. N.
Sa grand'mère : Esméralda, 1/2 s. A., par Lully, P. S. A.
(Voir *Lucrèce*, T. II.)
Saint-Lô : depuis 1894.

MESSIDOR. — H. N.
Bb. 1890. — Orne.
Par *Edimbourg*, 1/2 s. N., et *Stella*, par Niger, 1/2 s. N.
Le Pin : depuis 1894.

METZ, ex-**MUTIN**. — H. N.
B. 1890. — Manche.
Par *Genêt*, 1/2 s. N., et *Fanny*, par Peuplier, 1/2 s. N.
Sa grand'mère : par Hambourg.
Saint-Lô : 1894. — Castré le 27 août 1897.

MICHIGAN. — H. N.
B. 1890. — Orne.
Par *Edimbourg*, 1/2 s. N., et *Camélia*, par Beaugé, 1/2 s. N.
Le Pin : depuis 1894.

MIGNON. — H. N.
Al. 1890. — Orne.
Par *Fuschia*, 1/2 s. N., et *Hortensia*, par Un, 1/2 s. N.
Le Pin : depuis 1894.

MIGNON (approuvé).
M. Renault-Manuel ; M. Gallet.
Al. 1890. — Normandie.
Par *Phaëton*, 1/2 s. N., et *Formose*, 1/2 s. N., par Ulrich II, 1/2 s. N.
Saint-Lô : depuis 1897.

MIGNON (approuvé). — M. Lebeurrier.
Bb. 1877. — Manche.
Par *Quine*, 1/2 s. N., et une fille de Roustan, 1/2 s. N.
Saint-Lô : 1881-1892. — Réformé après la monte.

MIGNON (accepté). — M. F. Leclerc.
B. 1889. — Manche.
Par *Thabor*, 1/2 s. N.

MIKADO. — H. N.
B. 1890. — Manche.
Par *Esbly*, 1/2 s. N., et *Lisa*, par Sénéchal, 1/2 s. N.
Sa grand'mère : N., par Mirliton, 1/2 s. N. (Voir *Lisa*, T. II.)
Saint-Lô : depuis 1894.

MILAN. — H. N.
Bb. 1890. — Orne.
Par *Cherbourg*, 1/2 s. N., et *Ecossaise*, par Ulrick II, 1/2 s. N.
Sa grand'mère : Pamela, P. S. A., par Tonnerre-des-Indes.
Saint-Lô : depuis 1894.

MILANAIS (accepté). — M. de Sainte-Marie.
B. 1890. — Normandie.
Par *Vice-Président*, 1/2 s. N., et une fille de Médicis, P. S. A.
Le Pin : depuis 1894.

MIRABEAU (approuvé). — M. Pierre.
Bb. 1890. — Normandie.
Par *Alsacien*, 1/2 s. N., et *N.*, par Attrayant, 1/2 s. N.
Sa grand'mère : par Nagel, 1/2 s. N.
Saint-Lô : depuis 1894.

MIRACLE. — H. N.
B. 1890. — Orne.
Par *Edimbourg*, 1/2 s. N., et *Pâquerette*,
par Quiclet, 1/2 s. N.
Sa grand'mère : Fidélité, par Noteur, 1/2 s. N.
Sa bisaïeule : N., par Courtisan, 1/2 s. N.
Sa trisaïeule : N., 1/2 s. N., par Merlerault, P. S. A.
Sa quadrisaïeule : N., 1/2 s. N., par Eylau, P. S. A.-A.
Saint-Lô : depuis 1894.

MIRLITON. — H. N.
Al. 1890. — Orne.
Par *Uriel*, 1/2 s. N., et *Nichette*, P. S. A.
Le Pin : depuis 1895.

MODA (accepté). — M. Perriot.
B. 1894. — Orne.
Par *Cherbourg*, 1/2 s. N., et une fille de Phaëton, 1/2 s. N.
Le Pin : depuis 1897.

MONARQUE. — H. N.
B. 1890. — Calvados.
Par *Galba*, 1/2 s. N., et *Espérance*, par Conquérant, 1/2 s. N.
Le Pin : 1894. — Réformé en 1895.

MONSIEUR-DE-FONTAINE-HENRY. — H. N.
B. 1890. — Manche.
Par *Fontenay*, 1/2 s. N., et *Miss-The-Heir-of-Linne*, par The Heir-of-Linne, P. S. A.
Sa grand'mère : La Kapirat, par Kapirat, 1/2 s. N.
(Voir *Miss-The-Heir-of-Linne*, T. II.)
Saint-Lô : 1894. — Réformé et castré le 23 août 1895.

MONTBAREY (accepté). — M. H. Letaillis.
B. 1889. — Manche.
Par *Montbarey*, P. S. A., et une fille d'Harmonieux, 1/2 s. N.
Saint-Lô : depuis 1895.

MONT-CENIS. — H. N.
Bb. 1890. — Manche.
Par *Colporteur*, 1/2 s. N., et *Lady-Quid-Juris*, par Quid-Juris, P. S. A.
Sa grand'mère : N., par Lionceau, 1/2 s. N.
(Voir *Lady-Quid-Juris*, T. II.)
Saint-Lô : 1894. — Mort le 20 février 1897.

MONT-D'OR. — H. N.
Bb. 1890. — Manche.
Par *Hanovre*, 1/2 s. N., et *Pichette*, par Sabre, P. S. A.
Sa grand'mère : par Solférino, 1/2 s. N.
Saint-Lô : 1894. — Castré le 28 novembre 1895.

MONTIGNY. — H. N.
Bb. 1890. — Manche.
Par *Colporteur*, 1/2 s. N., et *Brunette*, par Ignoré, 1/2 s. N.
Sa grand'mère : N., par Séduisant, 1/2 s. N. (approuvé).
Saint-Lô : depuis 1894.

MONTJOIE. — H. N.
N. 1890. — Calvados.
Par *Tigris*, 1/2 s. N., et *Banknote*, par Normand, 1/2 s. N.
Le Pin : depuis 1895.

MONTMÉDY. — H. N.
B. 1890. — Manche.
Par *Sénéchal*, 1/2 s. N., et *Mouvette*, par Orphée, 1/2 s. N.
Saint-Lô : depuis 1894.

MOONLIGHTER (approuvé). — M. Desgenetey.
Al. 1890. — Normandie.
Par *Fuschia*, 1/2 s. N., et *Niniche*, P. S. A.
Le Pin : depuis 1895.

MORTAIN (approuvé). — M. Pierre.
B. 1890. — Normandie.
Par *Alsacien*, 1/2 s. N., et *N.*, par Pancrace, 1/2 s. N.
Sa grand'mère : par Harmonieux, 1/2 s. N.
Saint-Lô : depuis 1894.

MOUTON (approuvé). — M. Etienvre.
Ro. 1884. — Manche.
Par *Jackson*, 1/2 s. A., et *Mienne*, par Vernix, 1/2 s. N.
Sa grand'mère : Henriette, 1/2 s. N.
Saint-Lô : depuis 1888.

MOUTON-DUVERNET. — H. N.
Al. 1890. — Manche.
Par *Héron* (approuvé), 1/2 s. N., et *Bijou*, par Orphée, 1/2 s. N.
Sa grand'mère : par Sinope, 1/2 s. N.
Saint-Lô : depuis 1894.

MUGUET, ex-**GLADIATEUR**. — H. N.
B. 1890. — Calvados.
Par *Cherbourg*, 1/2 s. N., et *Sylvia*, par Conquérant, 1/2 s. N.
Sa grand'mère : Fridoline, 1/2 s. N., par Schamyl, P. S. A.
Saint-Lô : depuis 1894.

MUSCADIN (approuvé). — M. Samson.
B. 1890. — Normandie.
Par *Havas*, 1/2 s. N., et *Rhée*, par Lilas, 1/2 s. N.
Le Pin : depuis 1894.

MUSTAPHA (approuvé). — M. Bonpain.
Bb. 1868. — Manche.
Par *Giboyer*, 1/2 s. N., et une 1/2 s. N., par Ballinkeele, P. S. A.
Saint-Lô : 1873. — Mort après la monte de 1895.

MYOSOTIS. — H. N.
Bb. 1890. — Calvados.
Par *Etendard*, 1/2 s. N., et *Dolorès*, par Normand, 1/2 s. N.
Sa grand'mère : N., 1/2 s. N., par Vingt-Mars, P. S. A.
(Approuvé).
Saint-Lô : depuis 1894.

MYOSOTIS (approuvé). — M. Lechaptois.
B. 1890. — Manche.
Par *Galant Ier*, 1/2 s. N., et une fille de Lionceau, 1/2 s. N.
Saint-Lô : depuis 1896.

NABAB. — H. N.
Bb. 1891. — Orne.
Par *Glaneur*, 1/2 s. N., et *Grisette*, par Uriel, 1/2 s. N.
Le Pin : depuis 1895.

NABOPOLASSO, ex-**NABOPOLASSAR**. — H. N.
Al. 1891. — Manche.
Par *Etendard*, 1/2 s. N., et *Jeanne-de-Nivelle*, par Baptiste-le-More, 1/2 s. N.
Sa grand'mère : N., 1/2 s. N., par Liberator, 1/2 s. A.
(Voir *Jeanne-de-Nivelle*, T. II.)
Saint-Lô : depuis 1895.

NABUCHO. — H. N.
B. 1888. — Orne.
Par *Cherbourg*, 1/2 s. N., et *Gambade*, par Phaëton, 1/2 s. N.
Le Pin : depuis 1893.

NACRÉ. — H. N.
B. 1891. — Orne.
Par *Tristan* ou *Faisan*, 1/2 s. N., et *Fauvette*, par Palanquin, 1/2 s. N.
Sa grand'mère : par Caroline, 1/2 s. N.
Saint-Lô : 1895. — Castré le 28 novembre 1895.

NAG. — H. N.
B. 1891. — Manche.
Par *Colporteur*, 1/2 s. N., et *Aurore*, par Lavater, 1/2 s. N.
Le Pin : depuis 1895.

NAGEUR (approuvé de 1884 à 1893).
(Accepté, 1894.) — M. Grandin.
Bb. 1880. — Manche.
Par *Nagel*, 1/2 s. N., et une fille de Rosel, 1/2 s. N.
Sa grand'mère : par Camisard, 1/2 s. N.
Saint-Lô : depuis 1884.

NAGEUR. — H. N.
N. 1891. — Calvados.
Par *Estèphe*, 1/2 s. N., et *Fauvette*, par Tourville, 1/2 s. N.
Sa grand'mère : par Orphelin (approuvé), 1/2 s. N.
Saint-Lô : depuis 1895.

NAMUR (approuvé).
M. Gillain, 1895 ; M. Lelégard, 1895.
Al. 1891. — Manche.
Par *Fontenay*, 1/2 s. N., et *N.*, 1/2 s. N., par The Heir-of-Linne, P. S. A.
Sa grand'mère : par Etendard, 1/2 s. N.
Saint-Lô : depuis 1895. — Réformé après la monte de 1895.

NAMUR — H. N.
Bb. 1891. — Calvados.
Par *Stade*, 1/2 s. N., et *Aspasie*, par Union-Jack, 1/2 s. N.
Sa grand'mère : par Bisson, 1/2 s. N.
Saint-Lô : depuis 1895.

NANAN. — H. N.
B. 1891. — Calvados.
Par *Valentino*, 1/2 s. N., et *Rapide*, par Buridan (Approuvé), 1/2 s. N.
Sa grand'mère : par Unau, 1/2 s. N.
Sa bisaïeule : par Carnassier, 1/2 s. N.
Saint-Lô : depuis 1896.

NANA-SAÏD. — H. N.
B. 1891. — Manche.
Par *Esbly*, 1/2 s. N., et *Cocotte*, par Bosphore, 1/2 s. N.
Sa grand'mère : par Sénéchal, 1/2 s. N.
Saint-Lô : depuis 1895.

NANCY. — H. N.
B. 1891. — Manche.
Par *Habéo*, 1/2 s. N., et *Cocotte*, par Café, 1/2 s. N.
Sa grand'mère : par Vautrain, 1/2 s. N.
Saint-Lô : depuis 1895.

NANDY. — H. N.
B. 1891. — Manche.
Par *Gibraltar*, 1/2 s. N., et *Bijou*, par Séduisant, 1/2 s. N.
Sa grand'mère : par Beaumanoir, 1/2 s. N.
Saint-Lô : depuis 1895.

NANKIN (approuvé). — M. de Panthou.
B. 1891. — Normandie.
Par *Galant Ier*, 1/2 s. N., ou *Dentain*, 1/2 s. N., par Union-Jack, 1/2 s. N.
Sa grand'mère : par Bisson, 1/2 s. N.
Saint-Lô : depuis 1895.

NANTES. — H. N.
N. 1891. — Manche.
Par *Tourville*, 1/2 s. N., et *Blanc-Pied*, par Volcan, 1/2 s. N.
Le Pin : depuis 1895.

NAPLES. — H. N.
B. 1891. — Manche.
Par *Esbly* et *Marie-Buhot*, par Virgile, 1/2 s. N.
Sa grand'mère : N., par Prickwillorw, 1/2 s. N.
Sa bisaïeule : N., par Nagel, 1/2 s. N.
Sa trisaïeule : N., par Pont-d'Or, 1/2 s. N. (approuvé).
Saint-Lô : depuis 1895.

NAPOLÉON. — H. N.
B. 1891. — Orne.
Par *Phaëton*, 1/2 s. N., et *Serpolette*, par Serpolet-Bai, 1/2 s. N.
Sa grand'mère : Orange, par Elu, 1/2 s. N.
Saint-Lô : depuis 1896.

NARCISSE. — H. N.
N. 1891. — Orne.
Par *Phaëton*, 1/2 s. N., et *Bécassine*, par Niger, 1/2 s. N.
Sa grand'mère : Belle-de-Jour, 1/2 s. N., par Centaure, 1/2 s. N
Le Pin : depuis 1896.

NARQUOIS. — H. N.
Bb. 1891. — Calvados.
Par *Fuschia*, 1/2 s. N., et *Hébé*, par Niger, 1/2 s. N.
Sa grand'mère : par Normand, 1/2 s. N.
Saint-Lô : depuis 1896.

NARSÉ. — H. N.
Bb. 1891. — Manche.
Par *Platen*, 1/2 s. N., et *Sophie*, par Usuel, 1/2 s. N.
Sa grand'mère : par Harmonieux, 1/2 s. N.
Saint-Lô : depuis 1895.

NASI. — H. N.
N. 1891. — Calvados.
Par *Phare*, 1/2 s. N., et *Bijou*, par Brindisi, P. S. A.
Sa grand'mère : par Navigateur, 1/2 s. N.
Saint-Lô : depuis 1895.

NATUREL. — H. N.
Bb. 1891. — Calvados.
Par *Gusman*, 1/2 s. N. ou *Express*, 1/2 s. N., et *N.*, par Dandolo, 1/2 s. N.
Le Pin : depuis 1895.

NAUTILUS. — H. N.
Al. 1891. — Calvados.
Par *Grand'Maître*, 1/2 s. N., et *Frivole*, par Caprara, 1/2 s. N.
Sa grand'mère : N., par Léotard, 1/2 s. N.
Saint-Lô : depuis 1895.

N'AVANCEZ-PAS. — H. N.
B. 1891. — Calvados.
Par *Frein*, 1/2 s. N., et *Bergère*, par Baptiste-le-More, 1/2 s. N.
Sa grand'mère : par Renémesnil, 1/2 s. N,
Saint-Lô : 1895. — Castré le 28 novembre 1895.

NECKER. — H. N.
B. 1891. — Manche.
Par *Céladon*, 1/2 s. N., et *Bijou*, par Antipode, 1/2 s. N. (Approuvé.)
Sa grand'mère : par Pont-à-Mousson, 1/2 s. N. (approuvé).
Saint-Lô : 1895. — Castré le 27 août 1897.

NECTAR. — H. N.
N. 1891. — Orne.
Par *Cherbourg*, 1/2 s. N., et *Ida*, par Niger, 1/2 s. N.
Le Pin : depuis 1895.

NECTAR. — H. N.
B. 1891. — Manche.
Par *Fontenay*, 1/2 s. N., et *Mademoiselle-d'Angoville*, par Lavater, 1/2 s. N.
Sa grand'mère : par Conquérant, 1/2 s. N.
Saint-Lô : depuis 1896.

NÉGRIER, ex-**NANTEUIL** (approuvé). — M. Pierre.
B. 1891. — Manche.
Par *Esbly*, 1/2 s N., et une fille de Virgile, 1/2 s. N.
Saint-Lô : 1895. — Vendu avant la monte de 1895.

NÉLATON (accepté). — M. Sorel.
B. 1890. — Manche.
Par *Suzerain*, P. S. A., et *N.*, 1/2 s. N., par Bravo, P. S. A.
Saint-Lô : depuis 1895.

NELSON (accepté). — M. Creully.
Bb. 1891. — Manche.
Par *Canut*, , 1/2 s. N., et une fille d'Egésippe, 1/2 s. N.
Saint-Lô : depuis 1895.

NELSON. — H. N.
B. 1891. — Orne.
Par *Edimbourg*, 1/2 s. N., et *Iris*, par Fataliste, P. S. A.
Sa grand'mère : Mademoiselle-de-Neuville, par Elu, 1/2 s. N.
(Voir *Iris*, t. II).
Saint-Lô : 1895. — Castré le 9 novembre 1897.

NÉLUSKO. — H. N.
B. 1891. — Calvados.
Par *Homard*, 1/2 s. N., et *Fleur-de-Mai*, par Mazeppa, 1/2 s. N.
Sa grand'mère : par Umber, 1/2 s. N.
Saint-Lô : depuis 1895.

NEMOURS. — H. N.
Bb. 1891. — Calvados.
Par *Fumet*, 1/2 s. N., et *Frine*, par Frein, 1/2 s. N.
Sa grand'mère : par Kaolin, P. S. A.
Saint-Lô : depuis 1895.

NEMROD. — H. N.
B. 1891. — Sarthe.
Par *Iambe*, 1/2 s. N., et *Bon-Espoir*, par Serpolet-Bai, 1/2 s. N.
Sa grand'mère : Prétencieuse, par Abrantès, 1/2 s. N.
Sa bisaïeule : N., par Séducteur, 1/2 s. N.
Sa trisaïeule : N., par Thésée, 1/2 s. N.
Sa quadrisaïeule : N., 1/2 s. N., par Tipple-Cidder, P. S. A.
Saint-Lô : depuis 1895.

NEMROD (approuvé). — M. Hardy.
B. 1891. — Normandie.
Par *Shamrock*, 1/2 s. A.. et *N.*, par Orphée, 1/2 s. N.
Sa grand'mère : par Quid-Juris, P. S. A.
Saint-Lô : depuis 1895.

NENNI. — H. N.
Bb. 1891. — Calvados.
Par *Hercule-Normand*, 1/2 s. N., et *Bonne-Aventure*, par Soldat, 1/2 s. N.
Le Pin : depuis 1895.

NÉOPHYTE. — H. N.
B. 1891. — Manche.
Par *Franconi*, 1/2 s. N., et *Rosette*, par Vautour, 1/2 s. N.
Sa grand'mère : par Ugolin, 1/2 s. N.
Saint-Lô : 1895. — Castré le 9 novembre 1897.

NEPTUNE. — H. N.
B. 1891. — Orne.
Par *Edimbourg*, 1/2 s. N., et *Favorite*, par Elu, 1/2 s. N.
Sa grand'mère : Miss-Carlotta, par Séducteur, 1/2 s. N.
(Voir *Favorite*, t. II).
Saint-Lô : depuis 1895.

NEPTUNE (approuvé). — M. Desmannetaux.
Bb. 1891. — Manche,
Par *Fontenay*, 1/2 s. N., et *N.*, par Gabier, P. S. A.
Sa grand'mère : par Kabin, 1/2 s. N.
Saint-Lô : 1895. — 1897, pas présenté pour l'approbation.

NERF. — H. N.
Bb. 1891. — Manche.
Par *Farnèse*, 1/2 s. N., et *Mouvette*, par Ulloa, 1/2 s. N.
Saint-Lô : depuis 1895.

NÉRIGLISSAL, ex-**COLPORTEUR.** — H. N.
B. 1891. — Manche.
Par *Colporteur*, 1/2 s. N., et *Ugoline*, par Ugolin, 1/2 s. N.
Sa grand'mère : Paladine, 1/2 s. N., par Paladin, P. S. A.
Sa bisaïeule : Volante, par Talleyrand, 1/2 s N.
Saint-Lô : depuis 1895. — Castré le 28 novembre 1895.

NÉRIS, ex-**NIVELEUR.** — H. N.
B. 1891. — Calvados.
Par *Etendard*, 1/2 s. N., et *Dynamite*, par Montfort, P. S. A.
Sa grand'mère : par Interprète, 1/2 s. N.
Sa bisaïeule : par Français, 1/2 s. N.
Sa trisaïeule : par Lucain, 1/2 s. N.
Saint-Lô : depuis 1895.

NÉRON. — H. N.
B. 1891. — Manche.
Par *Tourville*, 1/2 s. N., et *Margot*, par Villiers, 1/2 s. N. (approuvé)
Sa grand'mère : par Lothaire, 1/2 s. N. (approuvé).
Saint-Lô : depuis 1895.

NERVEUX. — H. N.
B. 1891. — Manche.
Par *Fontenay*, 1/2 s. N., et *Mosquée*, par Lavater, 1/2 s. N.
Sa grand'mère : par Orphée, 1/2 s. N.
Sa bisaïeule : Lady-Quid Juris, 1/2 s. N., par Quid-Juris, P. S. A.
Saint-Lô : depuis 1895.

NESSI. — H. N.
B. 1891. — Orne.
Par *Cherbourg*, 1/2 s. N., et *Normande*, par Jactator, 1/2 s. N.
Le Pin : depuis 1895.

NESTORIUS (approuvé). — M. Trochon.
B. 1891. — Normandie.
Par *Saint-Rigomer*, 1/2 s. N., et *N.*, par *Centaure*, 1/2 s. N.
Saint-Lô : depuis 1895.

NEUILLY — H. N.
Al. 1891. — Sarthe.
Par *Fuschia*, 1/2 s. N., et *Yanthine*, par Beaugé, 1/2 s. N.
Sa grand'mère : par Abrantès, 1/2 s. N.
Saint-Lô : depuis 1895.

NEUVY (approuvé).
MM. Chéradame, 1875 ; Lechaptois, 1888.
B. 1869. — Normandie.
Par *Epouseur*, 1/2 s. N., et une 1/2 s. N.
Saint-Lô : 1888. — Réformé après la monte de 1890.

NÉVADA. - H. N.
B. 1891. — Manche.
Par *Fulminant*, 1/2 s. N., et *Lisa*, par Stern, 1/2 s. N.
Sa grand'mère : par Beaumanoir, 1/2 s. N.
Saint-Lô : depuis 1895.

NEVERS. — H. N.
B. 1891. — Manche.
Par *Valencourt*, 1/2 s. N., et *Feuille-de-Lierre*, par Reynold, 1/2 s. N.
Sa grand'mère : Modestie, 1/2 s. N., par The Heir-of-Linne, P. S. A.
(Voir *Feuille-de-Lierre*, T. II.)
Saint-Lô : depuis 1895.

NEW-MARKET. — H. N.
Bb. 1891. — Manche.
Par *Colporteur*, 1/2 s. N., et *Fragola*, par Lavater, 1/2 s. N.
Sa grand'mère : Orientale, 1/2 s. N., par The Heir-of-Linne, P. S. A.
Sa bisaïeule : Elisa, par Etendard, 1/2 s. N.
Sa trisaïeule : Près-de-Terre, 1/2 s. N., par Sir-Henry-Dinsdale, 1/2 s. A.
Saint-Lô : depuis 1895.

NEY (approuvé). — M. Lechaptois.
Bb. 1891. — Normandie.
Par *Ministère*, P. S. A, et *N.*, par Agnadel, 1/2 s. N.
Sa grand'mère : par Quality, 1/2 s. N.
Saint-Lô : depuis 1895.

NEY, ex-**NOGARET**. — H. N.
B. 1891. — Manche.
Par *Espoir*, 1/2 s. N., et *Balsamine*, P. S. A., par Colbert.
Saint-Lô : depuis 1895.

NEZ. — H. N.
Bb. 1891. — Orne.
Par *Fuschia*, 1/2 s. N., et *Soubrette*, par Vichnou, P. S. A.
Le Pin : depuis 1895.

NIAIS. — H. N.
B. 1891. — Manche.
Par *Domino-Noir* ou *Follet*, 1/2 s. N., et *Argonaute*, par Colporteur, 1/2 s. N.
Sa grand'mère : N., 1/2 s. N., par Argonaut, P. S. A.
Saint-Lô : depuis 1895.

NICKEL. — — H. N.
B. 1891. — Calvados.
Par *Etendard*, 1/2 s. N., et *Gitana*, par Niger, 1/2 s. N.
Le Pin : depuis 1895.

NIGAUD, ex-**NOUGAT**. — H. N.
B. 1891. — Orne.
Par *Phaëton*, 1/2 s. N., et *Agile*, par Inkermann, 1/2 s. N.
Le Pin : depuis 1895.

NIGER. — H. N.
N. 1869. — Orne.
Par *The Norfolk-Phœnomenon*, 1/2 s. A., et *Miss-Bell*, 1/2 s. Am.
Le Pin : 1874-1891. — Réformé.

NIHILISTE, ex-**NOTABLE.** — H. N.
Bb. 1891. — Calvados.
Par *Etendard*, 1/2 s. N., et *Conquête*, par Acquila, 1/2 s. N.
(Voir *Conquête*, T. II).
Sa grand'mère : Fulmen, par Mercure, 1/2 s. N.
Saint-Lô : depuis 1895.

NI-OUI-NI-NON. — H. N.
Bb. 1891. — Orne.
Par *Edimbourg*, 1/2 s. N., et *Camélia*, par Beaugé, 1/2 s. N.
Le Pin : depuis 1895.

NISKO. — H. N.
B. 1891. — Manche.
Par *Tempête*, 1/2 s. N., et *Voleuse*, par Voleur, 1/2 s. N.
Sa grand'mère : par Thorigny, 1/2 s. N. (approuvé).
Saint-Lô : depuis 1895.

NISSY. — H. N.
Al. 1891. — Calvados.
Par *Himalaya*, 1/2 s. N., et *Unique*, par Delaware, 1/2 s. N.
Le Pin : depuis 1895.

NITRATE. — H. N.
B. 1891. — Orne.
Par *Coq-du-Village*, P. S. A., et *Cupidonne*, par Rutabaga, 1/2 s. N.
Sa grand'mère : Rigolette, par Marignan, 1/2 s. N.
Sa bisaïeule : N., par Kramer, 1/2 s. N.
Saint-Lô : 1895. — Castré le 27 août 1897.

NIZAM. — H. N.
B. 1891. — Manche.
Par *Fontenay*, 1/2 s. N., et *Allumette*, par The Heir-of-Linne, P. S. A.
Le Pin : depuis 1895.

NOBLE. — H. N.
B. 1891. — Manche.
Par *Espoir*, 1/2 s. N., et l'*Etoile*, par Phare, 1/2 s. N.
Sa grand'mère : par Uzel, 1/2 s. N.
Le Pin : 1895. — Saint-Lô : depuis 1896.

NOCE-TOUJOURS, ex-**NON**. — H. N.
B. 1891. — Manche.
Par *Fontenay*, 1/2 s. N., et *Escapade*, par Qui-Vive, 1/2 s. N.
Sa grand'mère : Kindler, 1/2 s. N., par Eylau, P. S. A.-A.
Saint-Lô : 1895. — Castré le 28 novembre 1895.

NODINI. — H. N.
B. 1891. — Manche.
Par *Gardanne*, 1/2 s. N., et *Finette*, par Truplu, 1/2 s. N.
Sa grand'mère : par Orphée, 1/2 s. N.
Saint-Lô : depuis 1895.

NODUS. — H. N.
Bb. 1891. — Orne.
Par *Cherbourg*, 1/2 s. N., et *Hardie*, par Lavater, 1/2 s. N.
Sa grand'mère : Théréza I, par Phaëton, 1/2 s. N.
(Voir *Hardie*, T. II.)
Saint-Lô : depuis 1895.

NOËL. — H. N.
B. 1891. — Manche.
Par *Follet*, 1/2 s. N., et *Rase-Tout*, par Upas, 1/2 s. N.,
Sa grand'mère : N., 1/2 s. N., par Jackson, 1/2 s. A.
Sa bisaïeule : par Lavater, 1/2 s. N.
Saint-Lô : depuis 1895.

NOGARO. — H. N.
B. 1891. — Manche.
Par *Espoir*, 1/2 s. N., et *Miss-of-Linne*, par The Heir-of-Linne, P. S. A.
Sa grand'mère : Catharina, P. S. A., par Rambler.
Saint-Lô : depuis 1895.

NOGENT. — H. N.
Bb. 1891. — Manche.
Par *Habéo*, 1/2 s. N., et *Rapide*, 1/2 s. N., par Pretty-Boy, P. S. A.
Sa grand'mère : par Kent, 1/2 s. N.
Saint-Lô : 1895. — Castré le 27 août 1897.

NOMAZY. — H. N.
Bb. 1891. — Allier.
Par *Coq-à-l'Ane* (approuvé), 1/2 s. N., et *Iphigénie*, par Habile, 1/2 s. N.
Le Pin : depuis 1895.

NONANCOURT. — H. N.
Bb. 1891. — Sarthe.
Par *Edimbourg*, 1/2 s. N., et *Espoir*, par Gabier, P. S. A.
Sa grand'mère : par Elu, 1/2 s. N.
Saint-Lô : 1895. — Parti pour l'École vétérinaire d'Alfort, le 29 novembre 1896.

NONANT (approuvé). — M. Brisset.
Bb. 1873. — Calvados.
Par *Uzel*, 1/2 s. N., et une fille d'Unau, 1/2 s. N.
Sa grand'mère : N., 1/2 s. N., par Bravo, P. S. A.
Saint-Lô : 1877. — N'a pas été présenté à l'approbation, en 1897.

NORMAND (approuvé). — M. Richard.
Al. 1886. — Normandie.
Par *Vireillot*, 1/2 s. N., et une 1/2 s. N., par Shamrock, 1/2 s. A.
Saint-Lô : depuis 1891.

NORMAND (autorisé). — M. Levesque.
B. 1887. — Manche.
Par *Contrôleur*, 1/2 s. N., et *N.*, par Kilogramme, 1/2 s. N.
Saint-Lô : 1892. — Pas présenté en 1894.

NORODUM — H. N.
B. 1891. — Sarthe.
Par *Iambe*, 1/2 s. N., et *Miss-Sloss*, par Elu, 1/2 s. N.
Sa grand'mère : Victoria, par Séducteur, 1/2 s. N.
(Voir *Miss-Sloss*, T. II.)
Saint-Lô : depuis 1895.

NOSSI-BÉ. — H. N.
N. 1891. — Calvados.
Par *Cherbourg*, 1/2 s. N., et *Mouvette*, par Tigris, 1/2 s. N.
Sa grand'mère : N., 1/2 s. N., par Gontran, P. S. A.
Sa bisaïeule : Jument arabe.
Saint-Lô : depuis 1895.

NOSTRADAMUS. — H. N.
B. 1891. — Orne.
Par *Cherbourg*, 1/2 s. N., et *Finance*, par Niger, 1/2 s. N.
Sa grand'mère : Miss-Pierce (mère de Reynolds), par Succès, 1/2 s. N.
Saint-Lô : depuis 1895.

NOTABLE. — H. N.
B. 1891. — Orne.
Par *Edimbourg*, 1/2 s. N., et *Pégriote*, par Elu, 1/2 s. N.
Sa grand'mère : Frétillon, par Solide, 1/2 s. N.
Sa bisaïeule : Pégriote, 1/2 s. N., par Eylau, P. S. A.-A.
Sa trisaïeule : Jument arabe, mère de Buci et de Jactator.
Saint-Lô : depuis 1895.

NOTEUR (approuvé). — M. Durand.
B. 1891. — Normandie.
Par *Incognito*, 1/2 s. N., et *N.*, par Acrobate.
Saint-Lô : depuis 1895.

NOUGAT Ier. — H. N.
Bb. 1891. — Orne.
Par *Elan* (approuvé), 1/2 s. N., et *Amaranthe*, par Niger, 1/2 s. N.
Le Pin : depuis 1895.

NOUGAT II. — H. N.
B. 1891. — Orne.
Par *Fuschia*, 1/2 s. N., et *Iris*, par Parthénon, 1/2 s. N.
Sa grand'mère : N., par Quiclet, 1/2 s. N.
Sa bisaïeule : N., par Séducteur, 1/2 s. N.
Sa trisaïeule : N., 1/2 s. N., par Tipple-Cider, P. S. A.
Sa quadrisaïeule : N., 1/2 s. N., par Sylvio, P. S. A.
Saint-Lô : depuis 1895.

NOUVEAU-MONDE. — H. N.
B. 1891. — Orne.
Par *Phaëton*, 1/2 s. N., et *Jongleuse*, par Valdempierre, 1/2 s. N.
Sa grand'mère : Félicie, par Inkermann, 1/2 s. N.
Sa bisaïeule : N., 1/2 s. N., par William, P. S. A.
Sa trisaïeule : N., 1/2 s. N., par Castor, 1/2 s. N.
Saint-Lô : 1895. — Castré le 24 novembre 1896.

NOVATEUR (approuvé). — M. Perdriel.
B. 1891. — Normandie.
Par *Canut*, 1/2 s. N., et *N.*, par Espadem, 1/2 s. N.
Sa grand'mère : par Ivanoff, P. S. A.
Saint-Lô : depuis 1895.

NOVATEUR. — — H. N.
N. 1891. — Manche.
Par *Colporteur*, 1/2 s. N., et *Esméralda*, par Lavater, 1/2 s. N.
Sa grand'mère : Cent-Sous, P. S. A., par Ruy-Blas.
Sa bisaïeule : Cantine, P. S. A.
Saint-Lô : depuis 1895.

NOVGOROD. — H. N.
B. 1891. — Manche.
Par *Fontenay*, 1/2 s. N., et *Rosette II*, 1/2 s. N., par Gabier, P. S. A.
Sa grand'mère : par Victorieux, 1/2 s. N.
Sa bisaïeule : par Paternel, 1/2 s. N.
Saint-Lô : depuis 1895.

NOVICE. — H. N.
Al. 1891. — Orne.
Par *Fuschia*, 1/2 s. N., et *Nigérine*, par Niger, 1/2 s. N.
Le Pin : depuis 1896.

NOVICE (accepté). — M. Ameline.
B. 1890. — Manche.
Par *Trésorier*, 1/2 s. N., et une fille de Quia, 1/2 s. N.
Saint-Lô : depuis 1895.

NOVILLE. — H. N.
N. 1869. — Eure.
Par *Ipsilanty*, 1/2 s. N., et *Thérence*, 1/2 s. N., par Turck, 1/2 s. A.
Sa grand'mère : Esméralda, 1/2 s. N., par Sylvio, P. S. A.
Sa bisaïeule : Mélanie, 1/2 s. A.
Le Pin : 1874. — Réformé en 1891.

NUAGE, ex-**NIAGARA**. — H. N.
B. 1891. — Calvados.
Par *Eclaireur*, 1/2 s. N., et *La Montaigne*, par Interprète, 1/2 s. N.
Sa grand'mère : Léa, par Montaigne, 1/2 s. N.
Saint-Lô : depuis 1895.

NUBIEN. — H. N.
B. 1891. — Manche.
Par *Domino-Noir*, 1/2 s. N., ou *Follet*, 1/2 s. N., et *Négrette*, par Sir-Edwin-Landseer, 1/2 s. A.
Sa grand'mère : par Riga, 1/2 s. N.
Saint-Lô : depuis 1895.

NUREMBERG. — H. N.
B. 1891. — Calvados.
Par *Coq-à-l'Ane*, 1/2 s. N., et *Virago II*, par Normand, 1/2 s. N.
Sa grand'mère : Bécassine, par Conquérant, 1/2 s. N.
Sa bisaïeule : par Sultan, 1/2 s. N.
Saint-Lô : depuis 1895.

NYABEL. — H. N.
Al. 1891. — Eure.
Par *Barrabas*, 1/2 s. N., et *Pacolette*, par Oronte, 1/2 s. N.
Sa grand'mère : par Blenheim, P. S. A.
Saint-Lô : depuis 1895.

OBDORSK. — — H. N.
B. 1892. — Manche.
Par *Alsacien*, 1/2 s. N., et *Lapin*, par Manille, P. S. A.
Le Pin : depuis 1896.

OBERHAMBOURG. — H. N.
B. 1892. — Manche.
Par *Frondeur*, 1/2 s. N., et *Etoile*, par Regnard, 1/2 s. N.
Le Pin : depuis 1896.

OBERHAUSEN. — H. N.
B. 1892. — Manche.
Par *Fontenay*, 1/2 s. N., et *Surprise*, par Kapirat, 1/2 s. N.
Sa grand'mère : par Ugolin, 1/2 s. N.
Saint-Lô : depuis 1896.

OBERNAY. — H. N.
B. 1892. — Manche.
Par *Frondeur*, 1/2 s. N., et *Castille*, par Ministère, P. S. A.
Sa grand'mère : par Bandit, 1/2 s. N.
Saint-Lô : depuis 1896.

OBSCUR, ex-**OLDEMBOURG**, ex-**ORPHÉE**. — H. N.
B. 1892. — Calvados.
Par *Fataliste*, P. S. A., et *Fleur-d'Epine*, par Acquila, 1/2 s. N.
Sa grand'mère : Fleur-de-Mai, par Stade, 1/2 s. N.
Saint-Lô : depuis 1896.

OCCATOR. — H. N.
Bb. 1892. — Manche.
Par *Javelot*, 1/2 s. N., et *Fleur*, par Espadem, 1/2 s. N.
Sa grand'mère : La Brune, par Kabin, 1/2 s. N.
Sa bisaïeule : Fleur, par Victorieux, 1/2 s. N.
Sa trisaïeule : La Brune, par Robinson, P. S. A.
Sa quadrisaïeule : Blancpied, par Jay, 1/2 s. N.
Saint-Lô : depuis 1896.

OCCIDENTAL. — H. N.
N. 1892. — Orne.
Par *Cherbourg*, 1/2 s. N., et *Dora*, par Oriental, 1/2 s. N.
Sa grand'mère : par Niger, 1/2 s. N.
Le Pin : depuis 1896.

OCTAVAN (approuvé). — M. Le Marchand.
N. 1892. — Manche.
Par *Coq-à-l'Ane* et une fille de Laboureur, 1/2 s. N.
Saint-Lô : depuis 1896.

OCTAVO (approuvé). — M. Dugucy-Cher.
Bb. 1892. — Manche.
Par *Jarnac*, 1/2 s. N., et une fille de Vite, 1/2 s. N.
Saint-Lô : depuis 1896.

OCTEVILLE, ex-**ORNE**. — H. N.
B. 1892. — Manche.
Par *Hearty*, 1/2 s. N., et *Mouvette*, par Canut, 1/2 s. N.
Sa grand'mère : par Vanikoro, 1/2 s. N.
Sa bisaïeule : par Ivanoff, P. S. A.
Saint-Lô : depuis 1896.

ODÉON. — H. N.
B. 1892. — Orne.
Par *Edimbourg*, 1/2 s. N., et *Antoinette*, par Parthénon, 1/2 s. N.
Sa grand'mère : par Séducteur, 1/2 s. N.
Le Pin : 1896. — Castré le 6 février 1897.

ODÉON (accepté). — M. Lechaptois.
N. 1892. — Manche.
Par *Harley*, 1/2 s. N., et une fille de Lionceau, 1/2 s. N.
Saint-Lô : depuis 1897.

ODER. — H. N.
B. 1892. — Manche.
Par *Saint-Melaine*, 1/2 s. N., et *Ronfleuse*, par Trajan, 1/2 s. N.
Sa grand'mère : par Santerre, 1/2 s. N.
Sa bisaïeule : par Macouba, 1/2 s. N.
Saint-Lô : depuis 1896.

ŒILLET. — H. N.
B. 1892. — Orne.
Par *Cherbourg*, 1/2 s. N., et *Ecossaise*, par Ulrich II, 1/2 s. N.
Sa grand'mère : Paméla, P. S. A., par Tonnerre-des-Indes.
Le Pin : depuis 1896.

ŒSOPE (approuvé). — M. Hardy.
Al. 1882. — Manche.
Par *Silhouette*, 1/2 s. N., et une fille de Quasi, 1/2 s. N.
Sa grand'mère : par Eminent, 1/2 s. N.
Saint-Lô : depuis 1886.

OFFA (accepté). — M. Luc.
B. 1892. — Manche.
Par *Fred-Archer*, 1/2 s. N., et *Golconde*, P. S. A., par Balagny.
Saint-Lô : 1896. — 1897, pas présenté.

OFFENBACH. — H. N.
B. 1892. — Orne.
Par *Cherbourg*, 1/2 s. N., et *Gérance*, par Phaéton, 1/2 s. N.
Sa grand'mère : Glorieuse, 1/2 s. N., par Séducteur, 1/2 s. N.
Le Pin : depuis 1896.

OFFICIEL. — H. N.
B. 1892. — Manche.
Par *Harley*, 1/2 s. N., et *Lisa*, par Sénéchal, 1/2 s. N.
Sa grand'mère : par Mirliton, 1/2 s. N. (?)
Le Pin : 1896. — Castré le 26 août 1897.

OGRE. — H. N.
Bb. 1892. — Manche.
Par *Jusant*, 1/2 s. N., et *Mignonne*, par Aristocrate, 1/2 s. N.
Sa grand'mère : par Lavater, 1/2 s. N.
Le Pin : depuis 1896.

OH ! ex-**OSBORNE**. — H. N.
B. 1892. — Manche.
Par *Domino-Noir* ou *Fred-Archer*, 1/2 s. N., et *Rosette*, par Télémaque, 1/2 s. N.
Sa grand'mère : par Auguste, P. S. A.
Le Pin : depuis 1896.

OIGNON. — H. N.
N. 1892. — Manche.
Par *Colporteur*, 1/2 s. N., et *Mentor*, par Télémaque, 1/2 s. N.
Sa grand'mère : par Idoménée, 1/2 s. N.
Saint-Lô : depuis 1896.

OIRY. — H. N.
B. 1892. — Manche.
Par *Domino-Noir*, 1/2 s. N., et *Lisette*, par Newton, 1/2 s. N.
Sa grand'mère : par Ballinkeele, P. S. A.
Le Pin : 1896. — Saint-Lô : depuis 1897.

OISEAU-MOUCHE. ex-**OUI-DA**. — H. N.
Bb. 1892. — Orne.
Par *Cherbourg*, 1/2 s. N., et *Ida*, par Niger, 1/2 s. N.
Le Pin : depuis 1896.

OISON, ex-**OURAGAN**. — H. N.
B. 1892. — Eure.
Par *Juvigny*, 1/2 s. N., et *Fatinitza*, par Rivoli (approuvé), 1/2 s. N.
Sa grand'mère : Jarnicoton, par The Norfolk-Phœnomenon, 1/2 s. N.
Saint-Lô : depuis 1896.

OLÉRON, ex-**OPULENT**. — H. N.
Bb. 1892. — Orne.
Par *Krakatoa*, P. S. A., et *Béatrix*, par Niger, 1/2 s. N.
Sa grand'mère : par Pledge, 1/2 s. N.
Le Pin : depuis 1896.

OLIBRIUS. — H. N.
B. 1892. — Manche.
Par *Farnèse*, 1/2 s. N., et *Rosette*, par Intact, 1/2 s. N.
Sa grand'mère : par Tamerlan, 1/2 s. N.
Saint-Lô : depuis 1896.

OLIM. — H. N.
Bb. 1892. — Manche.
Par *Colporteur*, 1/2 s. N., et *Lansborn*, par Lansborn, 1/2 s. N. (approuvé).
Sa grand'mère : par Castor, 1/2 s. N.
Saint-Lô : depuis 1896.

OLIVARÈS. — H. N.
B. 1892. — Manche.
Par *Calambac*, 1/2 s. N., et *Brunette*, par Utrecht, 1/2 s. N.
Sa grand'mère : par Sabre, P. S. A.
Saint-Lô : 1896. — Castré le 9 novembre 1897.

OLIVET (approuvé). — M. E. Hardel.
B. 1892. — Normandie.
Par *Qu'y-Met-On*, et une fille de Cambronne, 1/2 s. N.
Sa grand'mère : par Elu, 1/2 s. N.
Saint-Lô : depuis 1896.

OMAR. — H. N.
B. 1892. — Manche.
Par *Follet*, 1/2 s. N., et *Lisette*, par Ignoré, 1/2 s. N.
Sa grand'mère : par Egésippe, 1/2 s. N.
Saint-Lô : depuis 1896.

OMBRAGEUX. — H. N.
B. 1892. — Manche.
Par *Jolibois*, 1/2 s. N., et *Palmyre*, par Carnavalet, 1/2 s. N.
Sa grand'mère : par Lavater, 1/2 s. N.
Saint-Lô : depuis 1896.

OMER (approuvé). — M. Samson.
B. 1892. — Orne.
Par *Cherbourg*, 1/2 s. N., et *Séduisante*, 1/2 s. N., par Palanquin ou Tributaire, 1/2 s. N.
Le Pin : 1896. — Non présenté en 1897.

OMER-PACHA (approuvé). — M. Lebel.
Bb. 1892. — Manche.
Par *Fontenay*, 1/2 s. N., et *Orphélie*, par Orphée, 1/2 s. N.
Sa grand'mère : 1/2 s. N., par Quid-Juris, P. S. A.
Saint-Lô : depuis 1896.

OMNIBUS, ex-**ORIENT**. — H. N.
Bb. 1892. — Orne.
Par *Havas*, 1/2 s. N., et *Prudente*, par Carnaval, 1/2 s. N.
Sa grand'mère : par Tourville, P. S. A.
Saint-Lô : depuis 1896.

OMNIPOTENT, ex-**ORNE**. — H. N.
B. 1892. — Orne.
Par *Jouffroy*, 1/2 s. N., et *Myrto*, par Uriel, 1/2 s. N.
Sa grand'mère : Hirondelle, par Elu, 1/2 s. N.
Sa bisaïeule : Valentine, 1/2 s. N., par Flying-Dutchman, P. S. A.
Sa trisaïeule : Noisette, par Noteur, 1/2 s. N.
Sa quadrisaïeule : Danaïde, 1/2 s. N., par Brocardo, P. S. A.
Saint-Lô : depuis 1896.

OMONVILLE (accepté). — M. B. Jean.
Al. 1892. — Manche.
Par *Tropla*, 1/2 s. N., et une fille de *Platon*, 1/2 s. N.
Saint-Lô : depuis 1896.

ONCLE, ex-**OBÉRON**. — H. N.
B. 1892. — Manche.
Par *Follet*, 1/2 s. N., et *Rapide*, par Idoménée, 1/2 s. N.
Sa grand'mère : par Ugolin, 1/2 s. N.
Saint-Lô : 1896. — Mort le 25 février 1897.

ONTARIO (approuvé). — M. Le Marchand.
B. 1892. — Normandie.
Par *Fuschia*, 1/2 s. N., et une fille de Cherbourg, 1/2 s. N.
Sa grand'mère : par Elu, 1/2 s. N.
Saint-Lô : depuis 1896.

ONTARIO. — H. N.
B. 1892. — Calvados.
Par *Gérardmer*, 1/2 s. N , et *Capucine*, par Stade, 1/2 s. N.
Sa grand'mère : par Raifort, 1/2 s. N.
Le Pin : 1896. — Castré le 26 août 1897.

ON-Y-VA, ex-**OSCAR**. — H. N.
B. 1892. — Manche.
Par *Follet*, 1/2 s. N.' et *Rosette*, par Agnadel, 1/2 s. N.
Sa grand'mère : par Kapirat, 1/2 s. N.
Saint-Lô : depuis 1896.

ONYX. — H. N.
N. 1892. — Manche.
Par *Colporteur*, 1/2 s. N., et *Irlande*, par Domino-Noir, 1/2 s. N.
Sa grand'mère : par Egésippe, 1/2 s. N.
Sa bisaïeule : par Sir-Henry-Dinsdale, 1/2 s. A.
Saint-Lô : depuis 1896.

ONZE. — H. N.
Bb. 1892. — Calvados.
Par *Tigris*, 1/2 s. N., et *Rachel*, par Irlandais, 1/2 s. N.
Sa grand'mère : L'Etoile, par Esculape, 1/2 s. N.
Sa bisaïeule : par Galba, 1/2 s. N.
Saint-Lô : depuis 1897.

ONZE II, ex-**ORPHÉE**. — H. N.
N. 1892. — Manche.
Par *Illustre*, 1/2 s. N., et *Voyageuse*, 1/2 s. N., par Anacharsis, P. S. A.
Sa grand'mère : par Phare, 1/2 s. N.
Sa bisaïeule : par Ribaud, 1/2 s. N.
Saint-Lô : depuis 1896.

OPINANT, ex-**ORAGEUX**. — H. N.
B. 1892. — Manche.
Par *Dacapo*, 1/2 s. N., et *Lisette*, par Shamrock, 1/2 s. N.
Sa grand'mère : par Vernix, 1/2 s. N. (approuvé).
Le Pin : depuis 1896.

OPPRESSEUR, ex-**ONTARIO**. — H. N.
N. 1892. — Calvados.
Par *Echo*, 1/2 s. N., et *Sarah*, par Conquérant, 1/2 s. N.
Sa grand'mère : Georgette, par J'y-Songerai, 1/2 s. N.
Saint-Lô : 1896. — Castré le 27 août 1897.

OPTIMÉ, ex-**ORGUEILLEUX**. — H. N.
B. 1870. — Manche.
Par *Victorieux*, 1/2 s. N., et *Mira*, par Tamerlan, 1/2 s. N.
Le Pin : 1874. — Réformé en 1892.

OPTIMISTE. — H. N.
B. 1892. — Manche.
Par *Fred-Archer*, 1/2 s. N., et *Ritournelle*, par Lavater, 1/2 s. N.
Sa grand'mère : Pastourelle, P. S. A., par Pace.
Saint-Lô : 1896. — Mort le 1er octobre 1897.

OPULENT. — H. N.
B. 1892. — Orne.
Par *James-Watt*, 1/2 s. N., et *Kaoline*, par Cherbourg, 1/2 s. N.
Le Pin : depuis 1896.

ORACLE. — H. N.
B. 1892. — Calvados.
Par *Utique*, 1/2 s. N., et *Cocote*, par Eson, 1/2 s. N.
Sa grand'mère : par Institut, 1/2 s. N. (approuvé).
Saint-Lô : depuis 1896.

ORAGE. — H. N.
Al. 1892. — Sarthe.
Par *Fuschia*, 1/2 s. N., et *Clémentine*, par Phaéton, 1/2 s. N.
Sa grand'mère : Centaurine, par Elu, 1/2 s. N.
Sa bisaïeule : par Centaure, 1/2 s. N.
Saint-Lô : depuis 1896.

ORAN. — H. N.
Al. 1892. — Sarthe.
Par *Fuschia*, 1/2 s. N., et *Fatma*, par Serpolet-Bai, 1/2 s. N.
Sa grand'mère : Camélia, par Elu, 1/2 s. N.
Le Pin : depuis 1896.

ORANGE (approuvé).
M. Ruault, 1873 ; M. Lemardelé, 1883.
Al. 1870. — Manche.
Par *Succès*, 1/2 s. N., et une fille d'Eminent, 1/2 s. N.
Sa grand'mère : N., par Uranus, 1/2 s. N.
Sa bisaïeule : N., par Locomotif, 1/2 s. N.
Saint-Lô : 1876. — Pas présenté pour la monte de 1893.

ORANGER. — H. N.
Al. 1892. — Orne.
Par *Fuschia*, 1/2 s. N., et *Faustine*, par Serpolet-Bai, 1/2 s. N.
Sa grand'mère : Ran-Jai-Mé, par Kaolin, P. S. A.
Le Pin : depuis 1895.

ORFA. — H. N.
Al. 1892. — Sarthe.
Par *Fuschia*, 1/2 s. N., et *Belle-de-Jour*, par Koping, 1/2 s. N.
Le Pin : 1896. — Mort le 25 octobre 1896.

ORFA (accepté). — M. H. Barbé.
Al. 1892. — Manche.
Par *Jubé*, 1/2 s. N., et une fille de Macouba, 1/2 s. N.
Saint-Lô : depuis 1897.

ORGANIQUE (approuvé). — M. Lecaudey.
Bb. 1892. — Manche.
Par *Colporteur*, 1/2 s. N., et *Régine*, par Lavater, 1/2 s. N.
Sa grand'mère : Marguerite, P. S. A., par Le Sarrazin.
Saint-Lô : depuis 1896.

ORGEAT, ex-**ORLÉANS**. — H. N.
B. 1891. — Orne.
Par *Iambe*, 1/2 s. N., et *Belle-de-Jour*, par Edimbourg, 1/2 s. N.
Sa grand'mère : Corentine, par Quiclet, 1/2 s. N.
Le Pin : depuis 1896.

ORGLANDES. — H. N.
B. 1892. — Manche.
Par *Dacapo*, 1/2 s. N., et *Lisette*, par Santerre, 1/2 s. N.
Sa grand'mère : par Urus, 1/2 s. N.
Saint-Lô : depuis 1896.

ORGUE, ex-**OCÉAN**. — H. N.
Ro. 1892. — Manche.
Par *Fontenay*, 1/2 s. N., et *Marquise*, par Saint-Cloud, 1/2 s. N.
Sa grand'mère : Marinette, par Quasi, 1/2 s. N.
Sa bisaïeule : par Elu, 1/2 s. N.
Saint-Lô : depuis 1896.

ORIENT. — H. N.
Al. 1892. — Orne.
Par *Fuschia*, 1/2 s. N., et *Galka*, par Phaëton, 1/2 s. N.
Sa grand'mère : Isabelle, par Niger, 1/2 s. N.
Saint-Lô : depuis 1896.

ORIENTAL, ex-**ORAN**. — H. N.
Al. 1870. — Calvados.
Par *Jactator*, 1/2 s. N., et une fille d'Emir, P. S. Ar.
Le Pin : 1874. — Réformé en 1891.

ORIGINAL. — H. N.
B. 1892. — Orne.
Par *Cherbourg*, 1/2 s. N., et *Araignée*, par Kilomètre, 1/2 s. N.
Sa grand'mère : par Impérial, 1/2 s. N.
Saint-Lô : depuis 1896.

ORION. — H. N.
Bb. 1892. — Manche.
Par *Reynolds*, 1/2 s. N., et *Jarretière*, par Lavater, 1/2 s. N.
Sa grand'mère : Favorite, par Sidi, P. S. A.
Sa bisaïeule : par Jackson, 1/2 s. A.
Sa trisaïeule : par Lagopède, 1/2 s. N.
Sa quadrisaïeule : par Tarare, P. S. A.
Saint-Lô : 1896. — Castré le 24 novembre 1896.

ORLOFF. — H. N.
B. 1892.— Calvados.
Par *Express*, 1/2 s. N., et *Ravissante*, par Vidi, 1/2 s. N.
Sa grand'mère : par Saint-Cloud, 1/2 s. N.
Saint-Lô : 1896. — Castré le 24 novembre 1896.

ORMEAU. — H. N.
B. 1892. — Manche.
Par *Dacapo*, 1/2 s. N., et *Vigilante*, par Shamrock, 1/2 s. A.
Sa grand'mère : par Santerre, 1/2 s. N.
Saint-Lô : depuis 1896.

ORNANO. — H. N.
Bb. 1892. — Manche.
Par *Habéo*, 1/2 s. N., et *Rosette*, par Newton, 1/2 s. N.
Sa grand'mère ; par Kent, 1/2 s. N.
Saint-Lô : depuis 1896.

ORONTE, ex-**ORANGER**. — H. N.
Al. 1870. — Manche.
Par *The Heir-of-Linne*, 1/2 s. N., et *Ugoline*, par Ugolin, 1/2 s. N.
Sa grand'mère : par Adolphus, P. S. A.
Le Pin : 1874. — Réformé en 1891.

ORSILOQUE. — H. N.
B. 1892. — Orne.
Par *Krakatoa*, P. S. A., et *Mademoiselle-de-Talonnay*, par Valdempierre, 1/2 s. N.
Sa grand'mère : Centaurée, par Centaure, 1/2 s. N.
Sa bisaïeule : Brocardine, 1/2 s. N., par Brocardo, P. S. A.
Saint-Lô : depuis 1896.

ORTIEN, ex-**ORTICU**. — H. N.
B. 1892. — Manche.
Par *Fred-Archer*, 1/2 s. N., et *Orgueilleuse*, par Tempête, 1/2 s. N.
Sa grand'mère : par Sinope, 1/2 s. N.
Saint-Lô : 1896. — Castré le 24 novembre 1896.

OSBORNE. — H. N.
B. 1892. — Orne.
Par *Cherbourg*, 1/2 s. N., et *Jonquille*, par Dictateur, 1/2 s. N. (approuvé).
Sa grand'mère : Tontine, par Eclipse, 1/2 s. N. (approuvé).
Saint-Lô : depuis 1896.

OSCAR. — H. N.
Al. 1889. — Manche.
Par *Harley*, 1/2 s. N., et *Miss-Reynolds*, par Reynolds, 1/2 s. N.
Le Pin : depuis 1896.

OSIER, ex-**OCTAVE**. — H. N.
B. 1892. — Orne.
Par *Usquebac*, 1/2 s. N., et *Hirondelle*, par Gabier, P. S. A.
Sa grand'mère : Jument normande.
Saint-Lô : depuis 1896.

OSIRIS, ex-**OMBRAGEUX**. — H. N.
Al. 1892. — Manche.
Par *Jolibois*, 1/2 s. N., et *Belle-Idée*, par Ignoré, 1/2 s. N.
Sa grand'mère : Sophie, par Fire-Away, 1/4 s. A.
Saint-Lô : depuis 1896.

OSMONT. — H. N.
B. 1892. — Manche.
Par *Jarnac*, 1/2 s. N., et *Pierrette*, par Patrice, 1/4 s. N.
Sa grand'mère : Nubienne, 1/2 s. N., par Wild-Bird, P. S. A.
Saint-Lô : depuis 1896.

OTAGE. — H. N.
B. 1892. — Calvados.
Par *Fumet*, 1/2 s. N., et *Courtisane*, par Tigris, 1/2 s. N.
Sa grand'mère : par Estafette, 1/2 s. N.
Saint-Lô : 1896. — Castré le 6 octobre 1897.

OTHON. — H. N.
B. 1892. — Orne.
Par *Fuschia*, 1/2 s. N., et *Iris*, par Héliotrope, 1/2 s. N.
Sa grand'mère : Orange, par Elu, 1 2 s. N.
Saint-Lô : depuis 1896.

OTHOS. — H. N.
B. 1892. — Manche.
Par *Farnèse*, 1/2 s. N., et *Parfaite*, par Utrecht, 1/2 s. N.
Le Pin : 1896. — Envoyé à Alfort le 27 novembre 1896.

OUDINOT. — H. N.
Al. 1892. — Manche.
Par *Harley*, 1/2 s. N., et *Cupidonne*, par L'Incroyable, P. S. A.
Sa grand'mère : Charmante, 1/2 s. N., par The Heir-of-Linne, P. S. A.
Sa bisaïeule : Corvette, par Lothaire, 1/2 s. N.
Sa trisaïeule : Carolda, par Perfection, 1/2 s. N.
Saint-Lô : depuis 1896.

OUI-DA. — H. N.
Bb. 1892. — Manche.
Par *Harley*, 1/2 s. N., et *Farceuse*, par Lavater, 1/2 s. N.
Sa grand'mère : Augustine, par Auguste, 1/2 s. N.
Saint-Lô : depuis 1896.

OUINIPEG. — H. N.
B. 1892. — Manche.
Par *Jagellon*, 1/2 s. N., et *Rosette*, par Victorieux, 1/2 s. N.
Le Pin : 1896. — Castré le 27 août 1897.

OUISTITI, ex-**ODIN**. — H. N.
Bb. 1892. — Manche.
Par *Farnèse*, 1/2 s. N., et *Mouvette*, par Saint-Cloud, 1/2 s. N.
Sa grand'mère : par Séduisant, 1/2 s. N. (approuvé).
Saint-Lô : depuis 1896.

OURAL, ex-**NARCISSE**. — H. N.
B. 1892. — Manche.
Par *Fontenay*, 1/2 s. N., et *Mariquita*, P. S. A., par Skilark.
Saint-Lô : depuis 1896.

OUTREMER, ex-**ODÉON**. — H. N.
B. 1892. — Orne.
Par *Cherbourg*, 1/2 s. N., et *Rosamonde*, par Quiclet, 1/2 s. N.
Sa grand'mère : Alphérie, par Fitz-Pantaloon, 1/2 s. N.
Sa bisaïeule : Ida II, par Fitz-Pantaloon, 1/2 s. N.
(Voir *Rosamonde*, S. B. N., t. II, et aussi *Hallencourt*, t. I.)
Saint-Lô : depuis 1896.

OUVERT, ex-**OSTROGOTH**. — H. N.
N. 1892. — Calvados.
Par *Phare*, 1/2 s. N., et *Fringante*, par Cafarelli, 1/2 s. N.
Saint-Lô : depuis 1896.

PACHA. — H. N.
Bb. 1893. — Orne.
Par *Barrabas*, 1/2 s. N., et *Jeannette*, par Valdempierre, 1/2 s. N.
Sa grand'mère : Giselle, P. S. A.
Saint-Lô : depuis 1897.

PADON. — H. N.
Bb. 1893. — Calvados.
Par *Gareston*, 1/2 s. N., et *Follette*, par Vidi, 1/2 s. N.
Sa grand'mère : par Extase, 1/2 s. N.
Saint-Lô : depuis 1897.

PAILLOT (approuvé). — M. Guillerme.
Al. 1893. — Manche.
Par *Floridor*, 1/2 s. N., et une fille de Ramazan, 1/2 s. N.
Saint-Lô : depuis 1897.

PAIMPOL, ex-**PALLAS**. — H. N.
B. 1893. — Calvados.
Par *Jouffroy*, 1/2 s. N., et *Joyeuse*, 1/2 s. N., par Réussi, P. S. A.
Sa grand'mère : par Noville, 1/2 s. N.
Saint-Lô : depuis 1897.

PALAIS-ROYAL. — H. N.
Bb. 1893. — Calvados.
Par *Galba*, 1/2 s. N., et *Java*, par Tigris, 1/2 s. N.
Sa grand'mère : Royale-Normande, par Normande, 1/2 s. N.
Sa bisaïeule : Jeanneton, P. S. A., par Auguste, P. S. A.
Saint-Lô : depuis 1897.

PALANQUIN, ex-**PALADIN**. — H. N.
B. 1871. — Sarthe.
Par *Inkermann*, 1/2 s. N., et *Alphérie*, 1/2 s. N.,
par Fitz-Pantaloon, P. S. A.
Sa grand'mère : Voir *Hallencourt*, t. I.
Le Pin : 1875. — Réformé en 1882.

PALANQUIN. — H. N.
Bb. 1893. — Manche.
Par *Jubé*, 1/2 s. N., et *Martaine*, par Sorcier, 1/2 s. N
Saint-Lô : depuis 1897.

PALAOS. — H. N.
Bb. 1893. — Manche.
Par *Frondeur*, 1/2 s. N., et *Rapide*, par Ermite, 1/2 s. N.
Sa grand'mère : par Garde-à-Vous, 1/2 s. N.
Saint-Lô : 1897. — Castré le 17 août 1897.

PALAPRAT. — H. N.
Bb. 1893. — Calvados.
Bar *Jamais*, 1/2 s. N., et *Mignonne*, par Raming, 1/2 s. N.
Sa grand'mère : par Sacrobosco, 1/2 s. N.
Saint-Lô : depuis 1897.

PALEFROY. — H. N.
Bb. 1893. — Sarthe.
Par *Iambe*, 1/2 s. N., et *Espérance*, 1/2 s. N.,
par Gabier, P. S. A.
Sa grand'mère : par Élu, 1/2 s. N.
Sa bisaïeule : par Séducteur, 1/2 s. N.
Saint-Lô : depuis 1897.

PALÉOLOGUE. — H. N.
B. 1893. — Manche.
Par *Alsacien*, 1/2 s. N., et *Castille*, par Attrayant, 1/2 s. N.
Le Pin : depuis 1897.

PALIKARE. — H. N.
Bb. 1893. — Calvados.
Par *Jean-de-Nivelle II*, 1/2 s. N., et *Miss-Black*,
par Normand, 1/2 s. N.
Sa grand'mère : par Impétueux, 1/2 s. N.
Saint-Lô : depuis 1897.

PALMIER. — H. N.
Al. 1893. — Manche.
Par *Fontenay*, 1/2 s. N., et *Marquise*, par Saint-Cloud, 1/2 s. N.
Sa grand'mère : par Quasi, 1/2 s. N.
Sa bisaïeule : par Elu, 1/2 s. N.
Saint-Lô : depuis 1897.

PALUDIER. — H. N.
Ro. 1893. — Orne.
Par *Kriss*, 1/2 s. N., et *Kermesse*, par Coq-du-Village, P. S. A.
Sa grand'mère : par Rutabaga, 1/2 s. N.
Le Pin : depuis 1897.

PALUS (approuvé). — M. Vaudry.
N. 1893. — Calvados.
Par *Illustre*, 1/2 s. N., et une fille de Tourville, 1/2 s. N.
Sa grand'mère : par Seymour, 1/2 s. N.
Saint-Lô : depuis 1897.

PAN, ex-**PÉGASE**. — H. N.
B. 1893. — Manche.
Par *Fontenay*, 1/2 s. N., et *Rosette*, par Télémaque, 1/2 s. N.
Sa grand'mère : par Auguste, P. S. A.
Saint-Lô : depuis 1897.

PANACHE. — H. N.
B. 1893. — Calvados.
Par *Ibis*, 1/2 s. N., et *Fauchette*, par Utrecht, 1/2 s. N.
Sa grand'mère : 1/2 s. N., par L'Incroyable, P. S. A.
Saint-Lô : 1897 — Passé dans la circonscription du dépôt d'Aurillac le 6 février 1897.

PANACHE (accepté). — M. Girouard.
B. 1893. — Manche.
Par *Jean-de-Nivelle*, 1/2 s. N., et *N.*, 1/2 s. N., par Shamrock, 1/2 s. A.
Saint-Lô : depuis 1897.

PANAMA II. — H. N.
Bb. 1893. — Calvados.
Par *Baptiste-le-More*, 1/2 s. N., et *Palmette*, par Palm, 1/2 s. N.
Sa grand'mère : par Printemps, 1/2 s. N.
Saint-Lô : depuis 1897.

PANTAGRUEL. — H. N.
B. 1893. — Calvados.
Par *Cherbourg*, 1/2 s. N., et *Susan*, P. S. A., par Soucar et Coudry-Girl.
Saint-Lô : 1897. — Mort le 30 avril 1897.

PANTHÉON. — H. N.
Bb. 1893. — Manche.
Par *Dacapo*, 1/2 s. N., et *Souris*, par Néthou, P. S. A.
Sa grand'mère : par Urus, 1/2 s. N.
Le Pin : depuis 1897.

PANURGE, ex-**PIQUE-ASSIETTE**. — H. N.
Bb. 1893. — Manche.
Par *Domino-Noir*, 1/2 s. N., et *Comète*, par Tempête, 1/2 s. N.
Sa grand'mère : par Vandermulin, 1/2 s. N.
Sa bisaïeule : par Paternel, 1/2 s. N.
Saint-Lô : depuis 1897.

PAPILLON (accepté). — M. Goudard.
B. 1880. Manche.
Par *Producteur*, 1/2 s. N.
Saint-Lô : depuis 1895.

PARFAIT. — H. N.
Bb. 1893. — Calvados.
Par *Eclaireur*, 1/2 s. N., et *La Dives*, par Tigris, 1/2 s. N.
Sa grand'mère : par Interprète, 1/2 s. N.
Saint-Lô : depuis 1897.

PARIS, ex-**PACTOLE**. — H. N.
B. 1893. — Manche.
Par *Alsacien*, 1/2 s. N., et *Godalba*, par Caprara, 1/2 s. N.
Sa grand'mère : par Romano, 1/2 s. N.
Saint-Lô : depuis 1897.

PARMENTIER. — H. N.
B. 1893. — Manche.
Par *Dacopo*, 1/2 s. N., et *Cocotte*, par Shamrock, 1/2 s. A.
Sa grand'mère : par Richard, 1/2 s. N.
Le Pin : depuis 1897.

PARMES. — H. N.
B. 1893. — Calvados.
Par *Juvigny*, 1/2 s. N., et *Sarah*, par Forestier, 1/2 s. N.
Le Pin : depuis 1897.

PARNASSE, ex-**PORT-ROYAL**. — H. N.
B. 1893. — Orne.
Par *Kriss*, 1/2 s. N., et une fille d'Etudiant, 1/2 s. N.
Sa grand'mère : par Koping, 1/2 s. N.
Le Pin : depuis 1897.

PARTHENON, ex-**PYRRHUS**. — H. N.
B. 1871. — Calvados.
Par *Jactator*, 1/2 s. N., et *Brebis*, par Voltaire, 1/2 s. N.
Le Pin : 1875. — Réformé en 1891.

PARTISAN. — H. N.
B. 1893. — Calvados.
Par *Jean-de-Nivelle II*, 1/2 s. N., et *Rachel*, par Saint-Rigomer, 1/2 s. N.
Sa grand'mère : par Montmorency, 1/2 s. N.
Sa bisaïeule : par Français, 1/2 s. N.
Saint-Lô : 1897. — Castré le 9 novembre 1897.

PASSAIS (accepté). — M. H. Brisset.
Al. 1893. — Manche.
Par *Gourmet*, 1/2 s. N., et une fille de Quatre-Cents, 1/2 s. N.
Saint-Lô : depuis 1897.

PASSE-PARTOUT (autorisé). — M. Lebeurier.
B. 1893. — Manche.
Par *Harfleur*, 1/2 s. N., et une fille de Lodi, 1/2 s. N.
Sa grand'mère : par Peuplier, 1/2 s. N.
Sa bisaïeule : par Faucon, 1/2 s. N.
Saint-Lô : depuis 1897.

PASSE-PARTOURT (approuvé). — M. Bosquet.
B. 1893. — Calvados.
Par *Jolibois*, 1/2 s. N., et une fille d'Archibald, 1/2 s. N.
Sa grand'mère : par Viril, 1/2 s. N.
Saint-Lô : depuis 1897.

PASSE-PARTOUT. — H. N.
N. 1893. — Seine-Inférieure.
Par *Riffis*, 1/2 s. N., et *Kara*, par Cherbourg, 1/2 s. N.
Sa grand'mère : par Niger, 1/2 s. N.
Saint-Lô : depuis 1897.

PASSE-PARTOUT (approuvé). — M. Grenet.
B. 1893. — Normandie.
Par *Socrate*, 1/2 s. N., et *Lisa*, par Tibère, 1/2 s. N.
Le Pin : depuis 1897.

PASSY. — H. N.
B. 1893. — Orne.
Par *Qu'y-met-on*, 1/2 s. N., et *Pâquerette*, par Koping, 1/2 s. N.
Sa grand'mère : par Séducteur, 1/2 s. N.
Le Pin : depuis 1897.

PATERNEL II. — H. N.
N. 1893. — Calvados.
Par *Union-Jack*, 1/2 s. N., et *Chérie*, par Archibald, 1/2 s. N.
Le Pin : depuis 1897.

PATRE. — H. N.
Bb. 1893. — Manche.
Par *Jean-de-Nivelle*, 1/2 s. N., et *Vigilante*, par Dacapo, 1/2 s. N.
Sa grand'mère : par Ulm, 1/2 s. N.
Sa bisaïeule : par Shamrock, 1/2 s. A.
Saint-Lô : depuis 1897.

PATRICE. — H. N.
Al. 1893. — Manche.
Par *Jouteur*, 1/2 s. N., et *Lisette*, par Mine-d'Or, 1/2 s. N.
Sa grand'mère : par Original, 1/2 s. N.
Sa bisaïeule : par Kapirat, 1/2 s. N.
Saint-Lô : depuis 1897.

PATRICIEN (approuvé). — M. Desmannetaux.
B. 1893. — Manche.
Par *Follet*, 1/2 s. N., et une fille de Pater, 1/2 s. N.
Saint-Lô : depuis 1897.

PATRIOTE. — H. N.
Bb. 1893. — Calvados.
Par *Qui-Vive*, 1/2 s. N. (approuvé), et *Lutèce*, par Acquila, 1/2 s. N.
Sa grand'mère : Camélia, par Normand, 1/2 s. N.
Sa bisaïeule : par *Vladimir*, 1/2 s. N.
Saint-Lô : depuis 1897.

PATUCHON (approuvé). — MM. Lebaudy ; Vaudry.
Bb. 1893. — Calvados.
Par *J'y-Pensais*, et une fille de Réservé, 1/2 s. N.
Saint-Lô : depuis 1897.

PAUILLAC. — H. N.
N. 1893. — Orne.
Par *Riffis*, 1/2 s. N., et *Colombine*, par Niger, 1/2 s. N.
Sa grand'mère : Rachel, par Taconnet, 1/2 s. N.
Sa bisaïeule : par Esculape, 1/2 s. N.
Saint-Lô : depuis 1897.

PAULUS. — H. N.
Bb. 1893. — Orne.
Par *James-Watt*, 1/2 s. N., et *Eglantine*, par Serpolet Bai, 1/2 s. N.
Sa grand'mère : Florence, par Gaulois, 1/2 s. N.
Le Pin : depuis 1897.

PAYSAN (accepté). — M. Brotelande.
Gr. 1893. — Manche.
Par *Tempête*, 1/2 s. N., et *Flambeau*, 1/2 s. N.
Saint-Lô : depuis 1897.

PEAU-ROUGE (approuvé). — M. Donzel.
Al. 1893. — Calvados.
Par *Khédive*, 1/2 s. N., et une fille de Vengeur, 1/2 s. N.
Sa grand'mère : Suzan, P. S. A., par Soucar.
Saint-Lô : depuis 1897.

PÉDON (accepté). — M. Féron.
B. 1892. — Manche.
Par *Gambler*, P. S. A.
Saint-Lô : depuis 1897.

PÉDRO. — H. N.
Bb. 1893. — Calvados.
Par *Valencourt*, 1/2 s. N., et *Gisèle*, par Tigris, 1/2 s. N
Sa grand'mère : Rigolette III, par Conquérant, 1/2 s. N.
Saint-Lô : depuis 1897.

PÉGASE. — H. N.
B. 1893. — Orne.
Par *Fuschia*, 1/2 s. N., et *La Fontaine*, par Niger, 1/2 s. N.
Sa grand'mère : Indépendante, par Trouville, P. S. A.
Sa bisaïeule : Alphérie, 1/2 s. N., par Fitz-Pantaloon, P. S. A.
Saint-Lô : depuis 1897.

PÉLICAN. — H. N.
B. 1893. — Manche.
Par *Jolibois*, 1/2 s. N., et *Poulot*, par Aguadel, 1/2 s. N.
Sa grand'mère : par Pater, 1/2 s. N.
Sa bisaïeule : par Lagopède, 1/2 s. N.
Saint-Lô : depuis 1897.

PÉNITENT, ex-**PUISSANT**. — H. N.
B. 1871. — Calvados.
Par *Great-Master*, 1/2 s. A., et une fille de Victorieux, 1/2 s. N.
Saint-Lô : 1875. — Abattu le 7 août 1890.

PERDANT. — H. N.
B. 1893. — Manche.
Par *Jolibois*, 1/2 s. N., et *Mousseline*, par Fidèle-au-Malheur.
Sa grand'mère : par Va-de-bon-Cœur, 1/2 s. N.
Saint-Lô : depuis 1897.

PERSÉVÉRANT. — H. N.
Al. 1893. — Orne.
Par *Juvigny*, 1/2 s. N., et *Etincelle*, par Phaëton, 1/2 s. N.
Sa grand'mère : par Centaure, 1/2 s. N.
Sa bisaïeule : par Pledge, 1/2 s. N.
Saint-Lô : depuis 1897.

PETIT-POUCET. — H. N.
Bb. 1893. — Orne.
Par *Cherbourg*, 1/2 s. N., et *Perce-Neige*, P. S. A., par Cymbal.
Le Pin : depuis 1897.

PÉTRARQUE. — H. N.
Al. 1871. — Calvados.
Par *Liberator*, 1/2 s. A., et *N.*, 1/2 s. N., par Trouville, P. S. A.
Saint-Lô : 1875. — Abattu le 3 août 1892.

PEUREUX (accepté). — M. Huscenot.
B. 1893. — Orne.
Par *Jean-le-Gros*, 1/2 s. N., et *Parthénon*.
Le Pin : depuis 1897.

PHAËTON. — H. N.
Al. 1871. — Manche.
Par *The Heir-of-Linne*, P. S. A., et une 1/2 s. N., par Crocus, 1/2 s. A.
Le Pin : depuis 1876.

PHARAON. — H. N.
B. 1893. — Manche.
Par *Colporteur*, 1/2 s. N., et *Cupidonne*, par l'Incroyable, P. S. A.
Sa grand'mère : 1/2 s. N., par The Heir-of-Linne, P. S. A.
Saint-Lô : depuis 1897.

PHARE. — H. N.
N. 1871. — Manche.
Par *Pater*, 1/2 s. N., et une 1/2 s. N., par Isolier, P. S. A.
Sa grand'mère : par Boucanier, 1/2 s. N.
Saint-Lô : 1875. — Abattu le 16 octobre 1893.

PHARE. — H. N.
Bb. 1893. — Manche.
Par *Harley*, 1/2 s. N., et *Camélia*, par Lavater, 1/2 s. N.
Sa grand'mère : 1/2 s. N., par The Heir-of-Linne, P. S. A.
Saint-Lô : depuis 1897.

PHARISIEN (approuvé). — M. Voisin.
B. 1880. — Manche.
Par *Phare*, 1/2 s. N., et une fille de Garde-à-Vous.
Sa grand'mère : N., 1/2 s. N., par Gazeley, 1/2 s. A.
Saint-Lô : 1884. — Mort avant la monte de 1892.

PHÉNIX. — H. N.
B. 1893. — Orne.
Par *Cherbourg*, 1/2 s. N., et *Dwina*, par Serpolet-Bai, 1/2 s. N.
Sa grand'mère : Kity, par Kaolin, P. S. A.
Sa bisaïeule : Ida, par William, P. S. A.
Saint-Lô : depuis 1897.

PHIDIAS. — H. N.
B. 1893. — Orne.
Par *Hallencourt*, 1/2 s. N., et *Finlande*, par Sobriquet, 1/2 s. N.
Sa grand'mère : par Médicis, P. S. A.
Saint-Lô : depuis 1897.

PHILIBERT, ex-**PÉDANT**. — H. N.
Bb. 1893. — Orne.
Par *Kiffis*, 1/2 s. N., et *Kabylie*, par Vampire, 1/2 s. N.
Sa grand'mère : par Phaëton, 1/2 s. N.
Le Pin : depuis 1897.

PHILISTE, ex-**VIVEUR**. — H. N.
B. 1877. — Manche.
Par *Pretty-Boy*, P. S. A., et une fille de Divus, 1/2 s. N.
Sa grand'mère : par Perfection, 1/2 s. N.
Saint-Lô : 1882. — Castré le 3 décembre 1891.

PHILOSOPHE. — M. Belloir.
(approuvé de 1882 à 1893 ; accepté en 1894 et 1895).
B. 1878. — Normandie.
Par *Ecolier*, 1/2 s. N., et une fille de Richepanse, 1/2 s. N
Saint-Lô : 1882. — Pas présenté en 1896.

PIF. — H. N.
Al. 1893. — Manche.
Par *Harley*, 1/2 s. N., et *Pâquerette*, par Tempête, 1/2 s. N.
Sa grand'mère : par Page, 1/2 s. N.
Sa bisaïeule : par Ray Grass, 1/2 s. N.
Saint-Lô : depuis 1897.

PILOTE (accepté). — M. L. Ruet.
Al. 1893. — Manche.
Par *Vaucouleurs*, 1/2 s. N.
Saint-Lô : depuis 1897.

PILOTE (accepté). — M. A. Sauvey.
Bb. 1889. — Manche.
Par *Vert-Galant*, 1/2 s. N., et *Mignonne*, 1/2 s. N.
Saint-Lô : 1896. — Pas présenté 1897.

PILPAY. — H. N.
B. 1893. — Calvados.
Par *Joinville II*, 1/2 s. N., et *Solide*, par Ermite, 1/2 s. N.
Saint-Lô : depuis 1897.

PIMPANO (approuvé). — M. Lebel.
Bb. 1875. — Manche.
Par *Gouverneur*, 1/2 s. N., et une fille de Douglas, 1/2 s. N.
Saint Lô : 1880. — Réformé après la monte de 1893.

PINCHARD (accepté). — M. Tardif.
B. 1891. — Manche.
Par *Quality*, 1/2 s. N., et *Julie*, 1/2 s. N.
Saint-Lô : 1895. — 1896, pas présenté.

PIPELET. — H. N.
Bb. 1893. — Orne.
Par *Cherbourg*, 1/2 s. N., et *Mandragore*, par Niger, 1/2 s. N.
Sa grand'mère : Espérance, par Taconnet, 1/2 s. N.
Sa bisaïeule : par Centaure, 1/2 s. N.
Le Pin : depuis 1897.

PIQUE-ASSIETTE. — H. N.
B. 1893. — Calvados.
Par *Jorigny*, 1/2 s. N., et *Sans-Gêne*, par Conquérant, 1/2 s. N.
Sa grand'mère : Carignan, 1/2 s. N.
Le Pin : depuis 1897.

PIRATE, ex-**PASSÉ-PORT**. — H. N.
B. 1893. — Manche.
Par *Jean-de-Nivelle*, 1/2 s. N., et *Roulette*, par Franconi, 1/2 s. N.
Sa grand'mère : par Lodi, 1/2 s. N.
Sa bisaïeule : par Géant-des-Batailles, P. S. A.
Saint-Lô : 1897. — Castré le 9 novembre 1897.

PIRON. — H. N.
Al. 1893. — Manche.
Par *Fred-Archer*, 1/2 s. N., et *Jurna*, par Reynolds, 1/2 s. N.
Sa grand'mère : par Phosphore (approuvé), 1/2 s. N.
Sa bisaïeule : par Lavater, 1/2 s. N.
Saint-Lô : depuis 1897.

PITT, ex-**PASSE-PARTOUT**. — H. N.
Bb. 1893. — Manche.
Par *Ducapo*, 1/2 s. N., et *Lisette*, par Franconi, 1/2 s. N.
Sa grand'mère : par Shamrock, 1/2 s. A.
Saint-Lô : depuis 1897.

PLAISIR-DES-DAMES — H. N.
Al. 1893. — Manche.
Par *Magician*, P. S. A., et *Sarah*, par Dominant, 1/2 s. N.
Sa grand'mère : par Quality, 1/2 s. N.
Sa bisaïeule : par J'y-Songerai, 1/2 s. N.
Saint-Lô : depuis 1897.

PLAISSAN. — H. N.
B. 1893. — Orne.
Par *Dandolo*, 1/2 s. N., et *Cybèle*, par Nécy, 1/2 s. N.
Sa grand'mère : par Régnier, 1/2 s. N.
Saint-Lô : depuis 1897.

PLATON, ex-**PRODUCTEUR**. — H. N.
N. 1871. — Calvados.
Par *Français*, 1/2 s. N., et une fille d'Abrantès, 1/2 s. N.
Saint-Lô : 1875. — Abattu le 16 novembre 1891.

PLUTUS. — H. N.
N. 1893. — Manche.
Par *Harley*, 1/2 s. N., et *Cascade*, par Lavater, 1/2 s. N.
Sa grand'mère : par The Heir of-Linne, P. S. A.
Sa bisaïeule : par Lagopède, 1/2 s. N.
Saint-Lô : depuis 1897.

POINT-NOIR, ex-**JARNAC**. — H. N.
N. 1893. — Calvados.
Par *Qui-Vive*, 1/2 s. N. (approuvé), et *Bavaroise*, par Niger, 1/2 s. N.
Sa grand'mère : Sylvia, par Conquérant, 1/2 s. N.
Saint-Lô : depuis 1897.

POLICHINELLE, ex-**PASSE-PARTOUT**. — H. N.
B. 1893. — Manche.
Par *Harley*, 1/2 s. N., et *Lisa*, par Sénéchal, 1/2 s. N.
Sa grand'mère : par Mirliton, 1/2 s. N.
Sa bisaïeule : par Bravo, P. S. A.
Saint-Lô : depuis 1897.

POLLION. — H. N.
Bb. 1893. — Manche.
Par *Colporteur*, 1/2 s. N., et *Belle-Idée*, par Café, 1/2 s. N.
Sa grand'mère : par Ignoré, 1/2 s. N.
Sa bisaïeule : par Fire-Away, 1/2 s. A.
Saint-Lô : depuis 1897.

POLYDOR. — H. N.
B. 1893. — Manche.
Par *Follet*, 1/2 s. N., et *Lavater*, par Lavater, 1/2 s. N.
Sa grand'mère : par Ravissant, 1/2 s. N.
Saint-Lô : depuis 1897.

POLYGONE. — H. N.
B. 1893. — Orne.
Par *Havas*, 1/2 s. N., et *Séduisante*, par Taconet, 1/2 s. N.
Sa grand'mère : par Séducteur, 1/2 s. N.
Saint-Lô : depuis 1897.

POMARD. — H. N.
B. 1893. — Orne.
Par *Josaphat*, 1/2 s. N., et *Lisette*, par Dampierre, 1/2 s. N.
Sa grand'mère : par Condé, 1/2 s. N.
Le Pin : 1897. — Castré le 28 août 1897.

POMPÉE. — H. N.
Bb. 1893. — Manche.
Par *Jolibois*, 1/2 s. N., et *Giroflée*, par Tigris, 1/2 s. N.
Sa grand'mère : par Conquérant, 1/2 s. N.
Saint-Lô : depuis 1897.

POMPÉI. — H. N.
B. 1893. — Sarthe.
Par *Fuschia*, 1/2 s. N., et *Fatma*, par Serpolet-Bai, 1/2 s. N.
Sa grand'mère : par Elu, 1/2 s. N.
Sa bisaïeule : par Séducteur, 1/2 s. N.
Le Pin : depuis 1897.

PONT-D'OR. — H. N.
Al. 1893. — Manche.
Par *Gibraltar*, 1/2 s. N., et *Quality*, par Quality, 1/2 s. N.
Sa grand'mère : Newtone, par Newton, 1/2 s. N.
Sa bisaïeule : par Agenda, 1/2 s. N.
Saint-Lô : depuis 1897.

PONTGOUIN. — H. N.
B. 1893. — Orne.
Par *Fuschia*, 1/2 s. N., et *Yanthine*, par Beaugé, 1/2 s. N.
Sa grand'mère : Espérance, par Abrantès, 1/2 s. N.
Sa bisaïeule : Brillante, par Destin, 1/2 s. N.
Saint-Lô : depuis 1897.

PONTIVY. — H. N.
N. 1893. — Calvados.
Par *Union-Jack*, 1/2 s. N., et *Bijou*, par Sobriquet, 1/2 s. N.
Sa grand'mère : par Jules-César, 1/2 s. N.
Saint-Lô : depuis 1897.

PORTE-MONNAIE. — H. N.
B. 1893. — Calvados.
Par *Jean-de-Nivelle II*, 1/2 s. N., et *La Belle*, par Saint-Rigomer, 1/2 s. N.
Sa grand'mère : par Ulbach, 1/2 s. N.
Saint-Lô : depuis 1897.

PORTE-VEINE. — H. N.
Bb. 1893. — Calvados.
Par *Juvigny*, 1/2 s. N., et *Kabyle*, par Tigris, 1/2 s. N.
Sa grand'mère : par Affidavit, P. S. A.
Saint-Lô : depuis 1897.

PORTICI. — H. N.
B. 1893. — Orne.
Par *Fuschia*, 1/2 s. N., et *Faustine*, par Serpolet-Bai, 1/2 s. N.
Sa grand'mère : Ran-ja-i-mé, par Kaolin, P. S. A.
Le Pin : depuis 1897.

PORT-ROYAL. — H. N.
Bb. 1893. — Calvados.
Par *Juvigny*, 1/2 s. N., et *Gavotte*, par Valencourt, 1/2 s. N.
Sa grand'mère : par Conquérant, 1/2 s. N.
Sa bisaïeule : jument anglaise.
Le Pin : depuis 1897.

POSTILLON (accepté). — M. Perdriel.
B. 1893. — Normandie.
Par *Jaguar*, 1/2 s. N., et une fille de Diadème, 1/2 s. N.
Saint-Lô : depuis 1897.

POURQUOI-DONC (approuvé). — M. Lebaudy.
Bb. 1893. — Calvados.
Par *Archibald*, 1/2 s. N., et une fille d'Union-Jack, 1/2 s. N.
Saint-Lô : 1897. — 17 janvier 1897, passé dans la circonscription du Pin.

POURQUOI-PAS (accepté). — M. Bonnisseni.
N. 1893. — Manche.
Par *Virgile*, 1/2 s. N., et une fille de Laboureur, 1/2 s. N.
Saint-Lô : depuis 1897.

PRESBOURG (approuvé). — M. Thibault.
Al. 1893. — Orne.
Par *Fuschia*, 1/2 s. N., et *Jessie*, 1/2 s. N., par Vichnou, P. S. A.
Le Pin : depuis 1897.

PRÉTORIEN. — H. N.
B. 1893. — Manche.
Par *Hallali*, 1/2 s. N., et *Papillon*, 1/2 s. N., par Shamrock, 1/2 s. A.
Sa grand'mère : par Jackson, 1/2 s. A.
Sa bisaïeule : par Octavo, 1/2 s. N.
Saint-Lô : depuis 1897.

PRIAM, ex-**PSTT**. — H. N.
B. 1893. — Manche.
Par *Fontenay*, 1/2 s. N., et *Follette II*, P. S. A., par Gantelet.
Sa grand'mère : Mademoiselle-de-la-Romanerie, P. S. A.
Saint-Lô : depuis 1897.

PRINCE-NOIR (approuvé). — M. Delettrez.
Bb. 1893. — Manche.
Par *Canut*, 1/2 s. N., et une fille d'Écueil, 1/2 s. N.
Saint-Lô : depuis 1897.

PRINGLE. — H. N.
B. 1893. — Manche.
Par *Extra*, 1/2 s. N., et *Lisa*, par Richard, 1/2 s. N.
Sa grand'mère : par Turcaret, 1/2 s. N.
Saint-Lô : 1897. — Castré le 9 novembre 1897.

PRINTEMPS (approuvé).
M. Eude, 1897 ; M. Voisin.
B. 1893. — Calvados.
Par *Jolibois*, 1/2 s. N., et une fille de Sobriquet, 1/2 s. N.
Sa grand'mère : 1/2 s. N., par Médicis, P. S. A.
Saint-Lô : depuis 1897.

PRINTEMPS, ex-**PILOTE**. — H. N.
Ro. 1893. — Calvados.
Par *Juvigny*, 1/2 s. N., et *Écossaise*, par Normand, 1/2 s. N.
Sa grand'mère : par Conquérant, 1/2 s. N.
Sa bisaïeule : Jument anglaise.
Saint-Lô : depuis 1897.

PRODUCTEUR. — H. N.
Bb. 1893. — Manche.
Par *Espadem*, 1/2 s. N., et *Bergère*, par Fulminant, 1/2 s. N.
Sa grand'mère : par Stern, 1/2 s. N.
Sa bisaïeule : par Bien-Aimé, 1/2 s. N. (approuvé).
Saint-Lô : 1897. — Castré le 17 août 1897.

PRONOSTIC. — H. N.
Gr. 1893. — Orne.
Par *Cherbourg*, 1/2 s. N., et *Isaura*, par Beaugé.
Sa grand'mère : par Condé, 1/2 s. N.
Sa bisaïeule : par The Norfolk-Phœnoménon, 1/2 s. N.
Le Pin : depuis 1897.

PROTAGORAS. — H. N.
B. 1893. — Sarthe.
Par *James-Watt*, 1/2 s. N., et *Lutine*, par Serpolet-Bai, 1/2 s. N.
Sa grand'mère : Belle-Garde, par Koping ou Abrantès, 1/2 s. N.
Le Pin : depuis 1897.

PYRÉNÉEN. — H. N.
Bb. 1893. — Manche.
Par *Esbly*, 1/2 s. N., et *Poulot*, par Virgile, 1/2 s. N.
Sa grand'mère : par Bravo, P. S. A.
Saint-Lô : depuis 1897.

QUALITY. — H. N.
B. 1872. — Orne.
Par *Thésée* ou *Centaure*, 1/2 s. N., et une 1/2 s. N., par Wanderer, 1/2 s. A.
Saint-Lô : 1876. — Abattu le 17 octobre 1893.

QUATRE-CENTS, ex-**QUARTZ**. — H. N.
Al. 1872. — Calvados.
Par *Gotha* ou *Glorieux*, 1/2 s. N., et une fille de Navigateur, 1/2 s. N.
Saint Lô : 1876. — Abattu le 6 août 1891.

QUINTAL (accepté). — M. Autech.
N. 1891. — Orne.
Par *Phaëton*, 1/2 s. N., et *Tulipe*, 1/2 s. N.
Le Pin : depuis 1897.

QUINTE-CURCE. — H. N.
B. 1872. — Sarthe.
Par *Elu*, 1/2 s. N., et une fille de Thésée, 1/2 s. N.
Sa grand'mère : par Solide, 1/2 s. N.
Saint-Lô : 1876. — Abattu le 11 novembre 1892.

QUINTUS, ex-**QUOLIBET**. — H. N.
B. 1872. — Orne.
Par *Lucratif*, 1/2 s. N., et une fille d'Esculape, 1/2 s. N.
Saint-Lô : 1876. — Abattu le 6 août 1891.

QUIRINUS. — H. N.
Al. 1872. — Calvados.
Par *Jacobin*, 1/2 s. N., et une 1/2 s. N., par Highlander, 1/2 s. A.
Sa grand'mère : par Turcaret, 1/2 s. N.
Le Pin : 1880-1892. — Réformé.

QUI-VIVE ! — H. N.
B. 1872. — Calvados.
Par *Affidavit*, P. S. A., et une fille d'Esculape, 1/2 s. N.
Sa grand'mère : par Baryton, 1/2 s. N.
Sa bisaïeule : par Byron, P. S. A.
Saint-Lô : 1876. — Abattu le 6 août 1891.

QUI-VIVE ! (approuvé). — M. Le Comte, 1891 ; M. Lemonnier.
Bb. 1887. — Sarthe.
Par *Tigris*, 1/2 s. N., et *Suzon*, par Phaëton, 1/2 s. N.
Sa grand'mère : Lisette, par Séducteur, 1/2 s. N.
Sa bisaïeule : par Jéricko, 1/2 s N.
Sa trisaïeule : N., 1/2 s. N , par Paradox, P. S. A.
Sa quadrisaïeule : Fragile, par Y. Topper, 1/2 s. A.
Le Pin : depuis 1891.

QUONIAM (approuvé). — M. Quesnel.
B. 1877. — Manche.
Par *Josaphat*, 1/2 s. N., et une fille de Guillaume-le-Conquérant, 1/2 s. N.
Saint-Lô : 1876. — Pas présenté pour la monte de 1893.

QU'Y-MET-ON ? — H. N.
N. 1887. — Sarthe.
Par *Edimbourg*, 1/2 s. N., et *Lycopode*, par Phaéton, 1/2 s. N.
Sa grand'mère : Jeune Elisa, par Kapirat, 1/2 s. N.
Sa bisaïeule : Elisa, 1/2 s. N., par Corsair, 1/2 s. A.
Sa trisaïeule : Elise, 1/2 s. N., par Marcellus, P. S. A.
Sa quadrisaïeule : La Panachée, 1/2 s. N., par D. I. O., P. S. A.
5e degré : La Belle-Matador, par Matador, 1/2 s. N.
6e degré : Fille de Sommerset, P. S. A.
Le Pin : depuis 1891.

RAMAZAN, ex-**RABELAIS** (approuvé).
M. Blondel, 1878 ; M. Dudouit, 1882 ; M. Guillerme, 1885.
Ro. 1873. — Normandie.
Par *Clear-the-Way*, 1/2 s. A., et une fille de Plutus, P. S. A.
Saint-Lô : depuis 1878.

RAMING. — H. N.
B. 1873. — Calvados.
Par *Le More*, 1/2 s. N., et une fille de Beaumanoir, 1/2 s. N.
Saint-Lô : 1878. — Abattu le 4 août 1892.

RAY-GRASS, ex-**ROYAL-QUAND-MÊME.** — H. N.
B. 1873. — Calvados.
Par *Abrantès*, 1/2 s. N., et une fille de Séducteur, 1/2 s. N.
Saint-Lô : 1877. — Abattu le 11 novembre 1892.

RENAISSANT. — H. N.
Bb. 1873. — Manche.
Par *Marcelet*, 1/2 s. N., et une fille de Lagopède, 1/2 s. N.
Le Pin : 1877. — Castré en 1893.

RÉVEILLON. — H. N.
B. 1873. — Manche.
Par *J'y-Songerai*, 1/2 s. N., et une fille d'Agenda, 1/2 s. N.
Sa grand'mère : par Vandermulin, P. S. A.
Compiègne : 1878. — Le Pin : 1880-1891. — Mort.

REYNOLDS. — H. N.
Al. 1873. — Calvados.
Par *Conquérant*, 1/2 s. N., et *Miss-Pierce*, par Succès, 1/2 s. N.
Sa grand'mère : Lady-Pierce (américaine),
Saint-Lô : 1880. — Mort le 27 décembre 1896.

RICHARD, ex-**RIVOLI**. — H. N.
Al. 1873. — Orne.
Par *Elu*, 1/2 s. N., et une 1/2 s. N., par *Coleraine*, 1/2 s. A.
Sa grand'mère : par Montaigne, 1/2 s. N.
Saint-Lô : 1877. — Abattu le 12 décembre 1890.

RIGOLO (approuvé). — M. Femel.
B. 1885. — Normandie.
ar *Serviteur* (approuvé), 1/2 s. N., et une fille de Y. Quick-Silver, 1/2 s. A.
Le Pin : depuis 1889.

ROBUSTE (approuvé). — M. Macé.
B. 1879. — Manche.
Par *Graffé*, 1/2 s. N., et *Fidèle*, par Foulques, 1/2 s.
Sa grand'mère : Mignonne, 1/2 s. N., par Sonnant, P. S. A.
Saint-Lô : depuis 1883.

ROBUSTE (accepté). — M. Gesmier.
Al. 1891. — Manche.
Par *Robuste*, 1/2 s. N., et une fille d'Ourson, 1/2 s. N.
Saint-Lô : 1895. — Pas présenté en 1897.

ROUBLE, ex-**RATTLER**. — H. N.
Al. 1873. — Manche.
Par *Agenda*, 1/2 s. N., et une fille d'Electeur, 1/2 s. N.
Compiègne : 1877. — Le Pin : 1880. — Réformé 1891.

ROUSTAN (approuvé). — M. Barbé.
Al. 1885. — Manche.
Par *Santerre*, 1/2 s. N., et *Coquette*, par Roustan, 1/2 s. N.
Sa grand'mère : Cocotte, par Faucon, 1/2 s. N.
Saint-Lô : depuis 1890.

RUTABAGA, ex-**RUBENS**. — H. N.
B. 1873. — Calvados.
Par *Gaulois*, 1/2 s. N., et une fille de Français, 1/2 s. N.
Le Pin : 1877. — Réformé en 1892.

SABORD. — H. N.
B. 1874. — Sarthe.
Par *Gall*, 1/2 s. N., et *Ecolière*, par Extase, 1/2 s. N.
Sa grand'mère : Thérésa, par Destin, 1/2 s. N.
Sa bisaïeule : Brillante, par Jéricko, 1/2 s. N.
Le Pin : 1871. — Réformé en 1891.

SAINT-MÉLAINE. — H. N.
B. 1886. — Calvados.
Par *Valencourt*, 1/2 s. N., et une fille de Noville, 1/2 s. N., ou Normand, 1/2 s. N.
Saint-Lô : depuis 1890.

SAINT-RIGOMER. — H. N.
B. 1874. — Sarthe.
Par *Gall*, 1/2 s. N., et *Fatiney*, par Tipple-Cidder, P. S. A.
Sa grand'mère : par Eylau, P. S. A.-A.
Le Pin : depuis 1878.

SANS-PEUR (accepté). — M. Grandin.
Bb. 1891. — Manche.
Par *Vert-Luron*, 1/2 s. N., et une fille de Questionneur, 1/2 s. N.
Saint-Lô : 1895. — N'a pas été présenté en 1896.

SANS-SOUCI. — H. N.
N. 1889. — Sarthe.
Par *Tigris*, 1/2 s. N., et *Ethel-Maries*, P. S. A.
Le Pin : depuis 1893.

SANTERRE (accepté). — M. F. Roupnel.
Al. 1893. — Manche.
Par *Santerre*, 1/2 s. N., et *Mignonne*, 1/2 s. N.
Saint-Lô : depuis 1897.

SANTERRE. — H. N.
B. 1874. — Manche.
Par *Ugolin*, 1/2 s. N., et une 1/2 s. N., par Quid-Juris, P. S. A.
Sa grand'mère : par Lionceau, 1/2 s. N.
Sa bisaïeule : 1/2 s. N., par Marengo, P. S. A.-A.
Sa trisaïeule : par Diomède, 1/2 s. N.
Saint-Lô : 1878. — Abattu le 14 août 1894.

SÉRIEUX (approuvé). — M. Durozier, 1878. — H. N., 1879.
B. 1874. — Manche.
Par *Ugolin*, 1/2 s. N., et une fille de Jarnac, 1/2 s. N.
Sa grand'mère : par Diégo, 1/2 s. N.
Saint-Lô : 1878. — Abattu le 4 août 1894.

SERPOLET-ROUAN. — H. N.
Ro. 1874. — Seine-Inférieure.
Par *Conquérant*, 1/2 s. N., et une fille de Confidence, 1/2 s. N.
Compiègne : 1879. — Le Pin : 1880. — Mort en 1891.

SEUL. — H. N.
B. 1874. — Manche.
Par *J'y-songerai*, 1/2 s. N., et *La Zélée*, P. S. A.,
par Allez-y-Gaîment.
Compiègne : 1878. — Le Pin : 1879. — Réformé en 1891.

SEYMOUR
B. 1874. — Calvados.
Par *Ménélas*, 1/2 s. N., et *Bouteille-à-l'Encre*, P. S. A.
Saint-Lô : 1878. — Abattu le 18 août 1893,

SHÉRIF (approuvé). — M. V. Morcel.
B. 1877. — Calvados.
Par *Josaphat*, 1/2 s. N., et une fille d'Essence, 1/2 s. N.
Saint-Lô : 1881. — Mort après la monte de 1894.

SILLERY. — H. N.
B. 1874. — Manche.
Par *Ugolin*, 1/2 s. N., et *Rapide*, par Giboyer, 1/2 s. N.
Le Pin : 1878. — Réformé en 1890.

SIROC. — H. N.
B. 1874. — Sarthe.
Par *Gall*, 1/2 s. N., et une fille de Solide, 1/2 s. N.
Sa grand'mère : par Utrecht, 1/2 s. N.
Saint-Lô : 1878. — Abattu le 18 août 1893.

SOCRATE (approuvé). — M. Lesénécal, 1878; M. Pierre, 1886.
B. 1874. — Orne.
Par *Trouville*, P. S. A., et une 1/2 s. N., par Pretender, 1/2 s. A.
Sa grand'mère: par Utrecht, 1/2 s. N.
Saint-Lô : depuis 1878.

SOCRATE (approuvé de 1879 à 1894 ; accepté en 1895).
M. Richard.
B. 1874. — Manche.
Par *Victorieux*, 1/2 s. N., et une fille de Séduisant, 1/2 s. N.
Sa grand'mère : N., par Riga, 1/2 s. N.
Saint-Lô : 1879. — Pas présenté en 1896.

SOLDAT, ex-**SÉNATEUR**. — H. N.
B. 1874. — Calvados.
Par *Normand*, 1/2 s. N., et *Pervenche*, par Utrecht, 1/2 s. N.
Le Pin : 1878. — Réformé en 1891.

SORCIER, ex-**SULLY**. — H. N.
B. 1874. — Orne.
Par *Elu*, 1/2 s. N., et une 1/2 s. N., par Tipple-Cidder P. S. A.
Sa grand'mère : une 1/2 s. N., par Sylvio, P. S. A.
Saint-Lô : 1878. — Abattu le 14 novembre 1895.

STADE. — H. N.
B. 1874. — Calvados.
Par *Jactator*, 1/2 s. N., et *Hortensia*, par Pledge, 1/2 s. N.
Sa grand'mère : fille d'Homère, 1/2 s. N.
Le Pin : 1876-1890. — Mort.

SURVEILLANT. — H. N.
Al. 1874. — Sarthe.
Par *Elu*, 1/2 s. N., et une fille de Solide, 1/2 s. N.
Sa grand'mère : fille d'Eylau, P. S. A.-A.
Saint-Lô : 1878. — Mort le 16 novembre 1891.

TABAC. — H. N.
Bb. 1875. — Manche.
Par *Ignoré*, 1/2 s. N., et *Bijou*, par Beaumanoir, 1/2 s. N.
Sa grand'mère : fille de Marengo, P. S. A.-A.
Saint-Lô : 1879. — Castré le 20 août 1891.

TALLEYRAND. — H. N.
B. 1875. — Calvados.
Par *Liberator*, 1/2 s. A., et *La Colonne*, 1/2 s. N.,
par Fire-Away, 1/2 s. N.
Compiègne : 1879. — Le Pin 1880. — Réformé en 1892.

TAMBOUR-BATTANT. — H. N.
B. 1875. — Calvados.
Par *Interprète*, 1/2 s. N., et *Valentine*, par Eventail, 1/2 s. N.
Le Pin : 1879. — Réformé en 1892.

TAM-TAM. — H. N.
Bb. 1875. — Calvados.
Par *Interprète*, 1/2 s. N., et *Célina*, 1/2 s. N., par Trouville, P. S. A.
Sa grand'mère : par Solide, 1/2 s. N.
Compiègne : 1879. — Le Pin : 1880-1891. — Réformé.

TEINTURIER. — H. N.
B. 1875. — Orne.
Par *Gaulois*, *Centaure* ou *Gall*, 1/2 s. N., et une fille de Wladimir, 1/2 s. N.
Saint-Lô : 1879. — Vendu le 3 décembre 1891.

TEMPÊTE. — H. N.
B. 1875. — Calvados.
Par *Conquérant*, 1/2 s. N., et *Olga*, par Abrantès, 1/2 s. N.
Saint-Lô : 1879. — Mort le 16 juillet 1894.

TEMPLIER, ex-**TABLEAU**. — H. N.
B. 1875. — Orne.
Par *Patricien*, P. S. A., et *Dame-de-Pique*, par Elu, 1/2 s. N.
Sa grand'mère : par Centaure, 1/2 s. N.
Saint-Lô : 1879. — Mort le 4 décembre 1890.

THABOR. — H. N.
B. 1875. — Manche.
Par *Gouverneur*, 1/2 s. N., et *Warwick*, 1/2 s. N., par Pied-Juré, P. S. A.
Sa grand'mère : Warwick, par Abrantès, 1/2 s. N.
Saint-Lô : 1879. — Abattu le 9 août 1895.

TISON (approuvé). — M. Leroy.
Bb. 1890. — Normandie.
Par *Alsacien*, 1/2 s. N., et *N.*, par Quinte-Curce, 1/2 s. N.
Saint-Lô : depuis 1894.

TIBÈRE (approuvé).
MM. Lesénécal, 1879 ; Pierre, 1886.
Al. 1875. — Calvados.
Par *Egésippe*, 1/2 s. N., et une fille d'Ignoré, 1/2 s. N.
Sa grand'mère : par Karbout, 1/2 s. N.
Saint-Lô : depuis 1879.

TIGRIS. — H. N.
Bb. 1875. — Manche.
Par *Lavater*, 1/2 s. N., et *Modestie*, 1/2 s. N., par The Heir-of-Linne, P. S. A.
Sa grand'mère : fille d'Ugolin, 1/2 s. N.
Le Pin : depuis 1879.

TORIGNY (approuvé).
MM. du Chatel, 1879 ; Le Marchand, 1891.
Al. 1875. — Normandie.
Par *Nanteuil*, 1/2 s. N., et une fille d'Agenda, 1/2 s. N.
Sa grand'mère : N., par Ursin, 1/2 s. N.
Saint-Lô : 1879-1893. — Vendu avant la monte.

TRISTAN. — H. N.
B. 1875. — Calvados.
Par *Interprète*, 1/2 s. N., et *Carlotta*, P. S. A., par West-Australian.
Le Pin : 1879. — Réformé en 1892.

TROPIQUE. — H. N.
B. 1875. — Sarthe.
Par *Gall*, 1/2 s. N., et *Ne-m'oubliez-pas*, par Gaulois, 1/2 s. N.
Sa grand'mère : par Destin, 1/2 s. N.
Saint-Lô : 1879. — Réformé le 7 septembre 1893.

TROUVÈRE. — H. N.
Bb. 1875. — Manche.
Par *Montebello*, 1/2 s. N., et *Lisette*, par Quinine, 1/2 s. N.
Saint-Lô : 1879. — Réformé le 20 août 1891.

TRUN, ex-**SÉLIM**. — H. N.
Al. 1875. — Orne.
Par *Taconnet*, 1/2 s. N., et *Unique*, par Centaure, 1/2 s. N.
Le Pin : 1879. — Réformé en 1893.

TRUPLU. — H. N.
Al. 1875. — Manche.
Par *Mine-d'or*, 1/2 s. N., et *Lisette*, par Beaumanoir, 1/2 s. N.
Sa grand'mère : 1/2 s. N., par Corsair, 1/2 s. A.
Saint-Lô : 1879. — Abattu le 9 août 1895.

TUDIEU. — H. N.
B. 1875. — Calvados.
Par *Estafette*, 1/2 s. N., et *Tulipe*, par Jactator, 1/2 s. N.
Saint-Lô : 1879. — Castré le 19 août 1892.

TULIPE (autorisé). — M. Barbé.
Al. 1889. — Manche.
Par *Shamrock*, 1/2 s. A., et *N.*, par Macouba, 1/2 s. N.
Saint-Lô depuis : 1894. — Pas présenté en 1895.

UGOLIN II (approuvé). — M. Bon.
B. 1870. — Normandie.
Par *Ugolin*, 1/2 s. N., et une fille d'Ursin, 1/2 s. N.
Saint-Lô : 1876. — Mort après la monte en 1893.

ULLAO. — H. N.
B. 1876. — Calvados.
Par *Noville*, 1/2 s. N., et *Lisa*, par Shales, 1/2 s. A.
Le Pin : 1880. — Réformé en 1892.

ULM. — H. N.
B. 1876. — Calvados.
Par *Noville*, 1/2 s. N., et une fille de Conquérant, 1/2 s. N.
Saint-Lô : 1881. — Abattu le 4 août 1892.

ULYSSE II. — H. N.
N. 1876. — Calvados.
Par *Noville*, 1/2 s. N., et une 1/2 s. Irl.
Saint-Lô : 1881. — Castré le 22 août 1891.

UNICOLORE, ex-**ULRICH.** — H. N.
Al. 1876. — Manche.
Par *Kabin*, 1/2 s. N., et *Cocotte*, 1/2 s. N., par Tamberlick, P. S. A.
Sa grand'mère : par Perfection, 1/2 s. N.
Le Pin : 1880. — Réformé en 1894.

UNION-JACK, ex-**UNANIME.** — H. N.
N. 1876. — Manche.
Par *Shamrock*, 1/2 s. A., et *La Riche*, par Ourson, 1/2 s. N.
Sa grand'mère : par Quasi, 1/2 s. N.
Saint-Lô : 1880. — Mort le 16 mars 1895.

URBAIN (approuvé).
MM. du Châtel, 1880 ; Bon, 1891.
B. 1876. — Normandie.
Par *Beaumanoir*, 1/2 s. N., et une 1/2 s. N.
Saint-Lô : 1880. — Réformé après la monte en 1893.

URBAIN (approuvé). — M. Bonpain
B. 1876. — Orne.
Par *Gall*, 1/2 s. N., et une fille de Y. Volunteer, 1/2 s. A.
Saint-Lô : 1880. — Mort après la monte en 1895.

URIEL. — H. N.
B. 1876. — Calvados.
Par *Conquérant*, 1/2 s. N., et *Miss-Pierre*, par Succès, 1/2 s. N.
Le Pin : 1881. — Réformé en 1892.

URNEAU (approuvé). — M. F. Morcel.
B. 1876. — Orne.
Par *Wingrave*, P. S. A., et une 1/2 s. N., par Fitz-Pantaloon, P. S. A.
Saint-Lô : depuis 1880.

URSON, ex-**UNANIME**. — H. N.
Al. 1876. — Manche.
Par *Laboureur*, 1/2 s. N., et *Nouvelle*, par Forey, 1/2 s. N.
Le Pin : 1880. — Abattu en 1394.

USELLAS, ex-**URUS**. — H. N.
B. 1876. — Orne.
Par *Nouvion*, 1/2 s. N., et *Amie*, par Elue, 1/2 s. N.
Sa grand'mère : par Doyen, 1/2 s. N.
Saint-Lô : 1880. — Castré le 20 août 1891.

USQUEBAC. — H. N.
B. 1876. — Orne.
Par *Elu*, 1/2 s. N., et *Fidélité*, par Moteur, 1/2 s. N
Le Pin : 1880. — Réformé en 1891.

USUEL. — H. N.
Al. 1876. — Orne.
Par *Gall*, 1/2 s. N., et *Fillette*, par Elu, 1/2 s. N
Sa grand'mère : par Trouville, P. S. A.
Saint-Lô : 1880. — Abattu le 18 août 1893.

UTEL, ex-**URGENT**. — H. N.
B. 1876. — Manche.
Par *Kabin*, 1/2 s. N., et *Lisette*, par Victorieux, 1/2 s N
Le Pin : 1880. — Réformé en 1893.

UTIQUE, ex-**UN**. — H. N.
Al. 1876. — Calvados.
Par *Jactator*, 1/2 s. N., et *Sarah*, 1/2 s. N.
Saint-Lô : 1880. — Mort le 11 juillet 1894.

UZOS, ex-**UHLAN**. — H. N.
Bb. 1876. — Manche.
Par *Ignoré*, 1/2 s. N., et une 1/2 s. N., par Auguste, P. S. A.
Sa grand'mère : par Ursin, 1/2 s. N.
Le Pin : depuis 1880.

VA-DE-BON-CŒUR (autorisé). — M. Lafrie.
Al. 1892. — Manche.
Par *Harfleur*, 1/2 s. N., et une fille de Thévelot, 1/2 s. N.
Saint-Lô : depuis 1897.

VAGABOND. — H. N.
B. 1877. — Calvados.
Par *Phare*, 1/2 s. N., et *Etoile*, par Urus, 1/2 s. N.
Sa grand'mère : par Orgueilleux, 1/2 s. N.
Saint-Lô : 1881. — Abattu le 4 août 1894.

VALDEMPIERRE. — H. N.
Bb. 1877. — Calvados.
Par *Normand*, 1/2 s. N., et *Rosière*, par Conquérant, 1/2 s. N.
Sa grand'mère : par Perruquier, 1/2 s. N.
Le Pin : depuis 1882.

VAL-DE-SÉE (approuvé). — M. Richard.
Al. 1885. – Manche.
Par *Shamrock*, 1/2 s. A., et une 1/2 s. N., par Piston, P. S. A.
Sa grand'mère : par Peuplier, 1/2 s. N.
Sa bisaïeule : par Hélios, 1/2 s. N.
Saint-Lô : depuis 1889.

VALENCOURT (approuvé). — M. Lemonnier.
B. 1877. – Normandie.
Par *Niger*, 1/2 s. N., et une 1/2 s. N., par Fitz-Pantaloon, P. S. A.
Sa grand'mère : 1/2 s. N., par William, P. S. A.
Sa bisaïeule : fille de Basly, 1/2 s. N.
Le Pin : depuis 1883.

VALENTIN. — H. N.
Bb. 1877. — Eure.
Par *Palm*, 1/2 s. N., et *Précieuse*, 1/2 s. N., par Affidavit, P. S. A.
Saint-Lô : 1881. — Mort le 27 octobre 1894.

VALENTINO. — H. N.
B. 1877. — Manche.
Par *Quickly*, 1/2 s. N., et *Cocotte*, par Victorieux, 1/2 s. N.
Sa grand'mère : par Beaumarchais, 1/2 s. N.
Saint-Lô : 1881. — Castré le 3 septembre 1896.

VALÈRE, ex-**VOLTAIRE**. — H. N.
Al. 1877. — Orne.
Par *Parthénon*, 1/2 s. N., et *Bijou*, par Hidalgo, 1/2 s. N.
Le Pin : depuis 1881.

VALOIS (approuvé de 1882 à 1894 ; accepté en 1895).
M. J. Leroy.
Al. 1877. — Calvados.
Par *Pimpant*, 1/2 s. N., et une fille de Navigateur, 1/2 s. N.
Sa grand'mère : par Vice-Roi, 1/2 s. N.
Saint-Lô : 1882. — Pas présenté en 1896.

VAMPA (approuvé). — M. Delarue.
B. 1876. — Manche.
Par *Plastron*, 1/2 s. N., et une 1/2 s. N.
Saint-Lô : 1880. — Réformé après la monte en 1890.

VAMPIRE. — H. N.
B. 1877. — Orne.
Par *Législateur*, 1/2 s. N., et *Coquette*, par Désiré, 1/2 s. N.
Sa grand'mère : par Quality, 1/2 s. N.
Le Pin : 1881-1891. — Réformé.

VANIKORO, ex-**VULCAIN**. — H. N.
B. 1877. — Manche.
Par *Quality*, 1/2 s. N., et Nidja, par Kapirat, 1/2 s. N.
Sa grand'mère : par Lionceau, 1/2 s. N.
Saint-Lô : 1881. — Castré le 3 septembre 1896.

VARENNES, ex-**VAUTOUR**. — H. N.
Al. 1877. — Manche.
Par *Nadar*, 1/2 s. N., et une fille de Pater, 1/2 s. N.
Sa grand'mère : par Pékin, 1/2 s. N.
Saint-Lô : 1881. — Castré le 3 décembre 1897.

VAUCOULEURS, ex-**VERNET**. — H. N.
Al. 1877. — Orne.
Par *Sincerity*, P. S. A., et *Polka*, par Baci, 1/2 s. N.
Sa grand'mère : par Jéricko, 1/2 s. N.
Saint-Lô : 1881. — Abattu le 4 août 1894.

VÉGÈS, ex-**VOLTAIRE**. — H. N.
B. 1877. — Calvados.
Par *Quadruple*, 1/2 s. N., et une fille d'*Interprète*, 1/2 s. N.
Sa grand'mère : par Eperon, 1/2 s. N.
Le Pin : 1881. — Réformé en 1893.

VENDU, ex-**VICOMTE**. — H. N.
B. 1877. — Calvados.
Par *Irlandais*, 1/2 s. N., et *Lisette*, par Le More, 1/2 s. N.
Sa grand'mère : fille de Taconnet, 1/2 s. N.
Saint-Lô : 1881. — Castré le 3 septembre 1896.

VENGEUR. — H. N.
B. 1877. — Manche.
Par *Lavater*, 1/2 s. N., et *Cendrillon*, 1/2 s. N., par The Heir-of-Linne, P. S. A.
Le Pin : 1882-1894. — Mort.

VÉRA-CRUZ, ex-**VIVAT**. — H. N.
N. 1877. — Orne.
Par *Phaëton*, 1/2 s. N., et *Minerve*, par Abrantès, 1/2 s. N.
Sa grand'mère : par William, P. S. A.
Le Pin : 1881. — Réformé en 1893.

VERNI, ex-**VERNEUIL**. — H. N.
B. 1877. — Orne.
Par *Oméga*, 1/2 s. N., et *Célina*, par Hilaire, 1/2 s. N.
Saint-Lô : 1881. — Castré le 20 août 1891.

VERT-GALANT. — H. N.
B. 1877. — Manche.
Par *Lavater*, 1/2 s. N., et une 1/2 s. N., par The Heir-of-Linne, P. S. A.
Sa grand'mère : par Lagopède, 1/2 s. N.
Saint-Lô : 1881. — Castré le 19 août 1892.

VERT-LURON. — H. N.
B. 1877. — Calvados.
Par *Interprète*, 1/2 s. N., et une fille de Vladimir, 1/2 s. N.
Saint-Lô : 1881. — Castré le 23 août 1895.

VÉSUVE. — H. N.
B. 1877. — Manche.
Par *Lavater*, 1/2 s. N., et une 1/2 s. N., par The Heir-of-Linne, P. S. A.
Le Pin : 1881. — Réformé en 1891.

VICE-CONSUL. — H. N.
B. 1877. — Calvados.
Par *Oronte*, 1/2 s. N., et *Georgette*, par Usité, 1/2 s. N.,
Sa grand'mère : par Tambour, 1/2 s. N.
Le Pin : 1881. — Réformé en 1892.

VICE-PRÉSIDENT. — H. N.
B. 1877. — Manche.
Par *Ugolin*, 1/2 s. N., et *Lady-Quid-Juris*, 1/2 s. N.,
par Quid-Juris, P. S. A.
Sa grand'mère : fille de Lionceau, 1/2 s. N.
Sa bisaïeule : fille de Marengo, P. S. A.-A.
Saint-Lô : 1881. — Abattu le 24 août 1896.

VICO, ex-**VALMY.** — H. N.
N. 1877. — Manche.
Par *Ignoré*, 1/2 s. N., et *La Foudre*, par Pater, 1/2 s. N.
Sa grand'mère : par Kapirat, 1/2 s. N.
Le Pin : 1881. — Réformé en 1893.

VIF-ARGENT (approuvé).
M. Lesénécal, 1881 ; M. Pierre, 1886.
B. 1877. — Manche.
Par *Ignoré*, 1/2 s. N., et une fille de Pater, 1/2 s. N.
Sa grand'mère : par Egésippe, 1/2 s. N.
Saint-Lô : depuis 1881.

VIGOUREUX (accepté). — M. Février.
B. 1890. — Manche.
Par *Guerroyeur*, 1/2 s. N., et *Lisette*, 1/2 s. N.
Saint-Lô : depuis 1895.

VIRGILE. — H. N.
B. 1877. — Manche.
Par *Quiclet*, 1/2 s. N., et *Exposante*, par Séducteur, 1/2 s. N.
Saint-Lô : 1881. — Castré le 3 septembre 1896.

VITAL. — H. N.
Al. 1877. — Calvados.
Par *Montfort*, 1/2 s. N., et une fille d'Interprète, 1/2 s. N.
Sa grand'mère : par Buci, 1/2 s. N.
Saint-Lô : 1881. — Castré le 20 août 1891.

VITE, ex-**VOLONTAIRE**. — H. N.
Bb. 1877. — Calvados.
Par *Centaure*, 1/2 s. N., et *Atalante*, par Montmorency, 1/2 s. N.
Sa grand'mère : par Français, 1/2 s. N.
Saint-Lô : 1881. — Castré le 16 novembre 1894.

VIVEUR. — H. N.
Al. 1877. — Orne.
Par *Hannon*, 1/2 s. N., et *Favorite*, par Elu, 1/2 s. N.
Sa grand'mère : par Séducteur, 1/2 s. N.
Le Pin : 1881. — Réformé en 1893.

VOLANT (accepté). — M. Durel.
N. 1893. — Manche.
Par *Seymour*, 1/2 s. N., et *Mouvette*, 1/2 s. N.
Saint-Lô : depuis 1897.

VOL-AU-VENT (accepté). — Me Ve Morin.
Al. 1892. — Manche.
Par *Rabin*, 1/2 s. N., et une fille de Tamerlan, 1/2 s. N.
Saint-Lô : depuis 1896.

VOL-AU-VENT. — H. N.
Al. 1877. — Manche.
Par *Kabin*, 1/2 s. N., et *Brebis*, par Tamerlan, 1/2 s. N.
Sa grand'mère : par Triolet, 1/2 s. N.
Saint-Lô : 1880. — Castré le 23 août 1895.

VOLEUR, ex-**VADIUS**, ex-**VARIGO**. — H. N.
Al. 1877. — Calvados.
Par *Liberator*, 1/2 s. A., et *Colombine*, 1/2 s. N., par Orphelin, P. S. A.
Sa grand'mère : par Conquérant, 1/2 s. N.
Saint-Lô : 1881. — Castré le 23 août 1895.

VOLGA. — H. N.
B. 1877. — Manche.
Par *Uzel*, 1/2 s. N., et *Sophie*, par Pékin, 1/2 s. N.
Le Pin : 1880. — Réformé en 1893.

VOLTAIRE (approuvé).
M. Duguey, 1875-1876 ; M. Robert, 1878 ; M. Cousin, 1891.
B. 1871. — Calvados.
Par *Kapirat*, 1/2 s. N., et une fille de Junior, 1/2 s. N.
Saint-Lô : 1875-1876 et depuis 1878. — Mort après la monte de 1893.

VOLTE-FACE. — H. N.
B. 1877. — Calvados.
Par *Phare*, 1/2 s. N., et *Glorieuse*, par Glorieux, 1/2 s. N.
Sa grand'mère : par Navigateur, 1/2 s. N.
Sa bisaïeule : par Royal-Quand-Même, P. S. A.
Saint-Lô : 1881. — Le Pin : 12 novembre 1892.

VOUGEOT. — H. N.
B. 1877. — Calvados.
Par *Normand*, 1/2 s. N., et une fille d'Irlandais, 1/2 s. N.
Le Pin : 1880. — Réformé en 1891.

WATERLOO (accepté). — M. Macé.
Al. 1890. — Manche.
Par *Ulm*, 1/2 s. N., et une fille de Chéri.
Saint-Lô : 1895. — Pas présenté en 1896.

WELLINGTON (approuvé). — M. Collas
B. 1886. — Normandie.
Par *Colporteur*, 1/2 s. N., et une 1/2 s. N.
Le Pin : depuis 1890.

X II (approuvé). — M. du Douet.
Bb. 1878. — Normandie.
Par *Quolibet*, 1/2 s. N.
Le Pin : depuis 1883.

XIMÉNÈS. — H. N.
B. 1872. — Orne.
Par *Noteur*, 1/2 s. N., et *Libertine*, 1/2 s. N., par Usbekyeh, P. S. Ar.
Sa grand'mère : 1/2 s. N., par Phœnomenon, 1/2 s. A.
Sa bisaïeule : 1/2 s. N., par Performer, 1/2 s. A.
Sa trisaïeule : fille de Napoléon, P. S. A.
Sa quadrisaïeule : fille de Cammerton, P. S. A.
Le Pin : 1876. — Réformé en 1891.

YACOUB. — H. N.
Ro. 1879. — Seine-Inférieure.
Par *Y-Quick-Silver*, 1/2 s. A., et *Halfane*, par Bayard, 1/2 s. N.
Le Pin : depuis 1884.

Y-KAPIRAT. — H. N.
B. 1881. — Sarthe.
Par *Phaëton*, 1/2 s. N., et *Jeune-Elisa*, par Kapirat, 1/2 s. N.
Le Pin : depuis 1886.

2°

ÉTALONS

IMPORTÉS DANS LES CIRCONSCRIPTIONS DU PIN ET DE SAINT-LO

(1891-1897)

ÉTALONS

Importés dans les circonscriptions du Pin et de Saint-Lô

ALL-FOURS III, 1/2 s. A. — H. N.
B. 1891. — Angleterre.
Par *Vigourous*, 1/2 s. A., et une fille de Confidence, 1/2 s. A.
Le Pin : depuis 1895.

ALTHORP-WONDER, 1/2 s. A. — H. N.
Ro. 1885. — Angleterre.
Par *Star-of-the-East* et *Fanny*.
Le Pin : 1890. — Hennebont : 1890.

AMBITIOUS-BOY, 1/2 s. A. (approuvé).
M. Le Marchand.
B. 1889. — Angleterre.
Par *Lord-Bardolf*, 1/2 s. A., et *N.*, par Lord-of-the-Manor, 1/2 s. A.
Saint-Lô : depuis 1893.

BAINTON-RUFUS, 1/2 s. A. — H. N.
Al. 1891. — Angleterre.
Par *Rufus*, 1/2 s. A., et une fille de Denmark, 1/2 s. A.
Le Pin : depuis 1895.

BLEDELOW, 1/2 s. A. — H. N.
Gr. 1879. — Angleterre.
Le Pin : 1882. — A Lamballe en 1891.

BRANDON, 1/2 s. A. — H. N.
Al. 1873. — Angleterre.
Par *Goldfinder*, 1/2 s. A., et une fille de Norfolk-Hero, 1/2 s. A.
Le Pin : 1879. — Réformé en 1891.

BURY-STANLEY, 1/2 s. A. — H. N.
B. 1891. — Angleterre.
Par *Silver-Cross* et *Bury-Candy*, par Candidate.
Le Pin : depuis 1897.

CASH, 1/2 s. Am. (approuvé). — M. Terry.
B. 1887. — Amérique.
Origine américaine.
Le Pin : depuis 1893.

CAVALIERI, 1/2 s. V. — H. N.
Al. 1880. — Vendée.
Par *Thuriféraire*, 1/2 s. N., et 1/2 s. V., par Karmignac, 1/2 s. N.
Saint-Lô : 1886. — Castré le 23 août 1895.

CORNCRAKE, 1/2 s. A. — H. N.
Al. 1892. — Angleterre.
Par *Confidence*, 1/2 s. A., et *Jessie*, par Norfolk-Jack, 1/2 s. A.
Le Pin : depuis 1897.

EXCELSIOR, 1/2 s. A. — H. N.
N. 1881. — Angleterre.
Par *Reality*, 1/2 s. A., et *Ruby*, par Perfection, 1/2 s. A.
Saint-Lô : depuis 1893.

EXCHEQUER, 1/2 s. A. — H. N.
N. 1888. — Angleterre.
Par *Excelsior*, P. S. A., et *Griselle*, par Norfolk-Gentleman, 1/2 s. A.
Le Pin : depuis 1893.

FOREST-CHIEF, 1/2 s. Am. (approuvé). M. Terry.
Bb. 1886. — Amérique.
Origine américaine.
Le Pin : depuis 1893.

FORESTER, 1/2 s. A. — H. N.
Al. 1888. — Angleterre.
Par *Tufthunter*, 1/2 s. A., et *Entreprise*, par Confidence, 1/2 s. A.
Le Pin : depuis 1894.

FREE-LANCE, 1/2 s. A. — H. N.
Al. 1891. — Angleterre.
Par *Golden-Star*, 1/2 s. A., et une fille de Third-Sir-Charles, 1/2 s. A.
Le Pin : depuis 1895.

GOLDFINDER, 1/2 s. A. — H. N.
Al. 1873. — Angleterre.
Le Pin : 1881. — Réformé en 1894.

GORÜNE, 1/2 s. Russe (approuvé).
M. A. Bassigny.
N. 1876. — Russie.
Par *Gorüne*, 1/2 s. R., et *Razoumnaja*, 1/2 s. R.
Sa grand'mère : Zmeïka, 1/2 s. R.
Le Pin : depuis 1888.

GREAT-SURPRISE, 1/2 s. A. — H. N.
B. 1889. — Angleterre.
Par *Confidence*, 1/2 s. A., et *Sothover*, par Norfolk-Comet, 1/2 s. A.
Le Pin : 1896. — Mort le 3 juin 1897.

GREENWICH-TIME, 1/2 s. A. — H. N.
B. 1891. — Angleterre.
Par *Astronomer-Royal*, 1/2 s. A., et *Gressenhall-Gladys*, par Confidence, 1/2 s. A.
Le Pin ; depuis 1897.

HADJI, 1/2 s. Ar. (approuvé).
M. le comte d'Amilly.
B. 1881. — Turquie.
Le Pin : depuis 1886.

HIPPOMÈNE, 1/2 s. Midi. — H. N.
B. 1876. — Gironde.
Par *Badgad*, P. S. A., *Barbe-d'Or*, par Mogador, 1/2 s. Big.
Sa grand'mère : par Y-Phœnomenon, 1/2 s. A.
Le Pin : 1886. — Réformé en 1894.

IMPROVER, 1/2 s. A. (approuvé).
M. Delaborde-Noguès.
Al. 1882. — Angleterre.
Le Pin : depuis 1890.

KOZYR, 1/2 s. R. — H. N.
N. 1877. — Russie.
Son père : *Warwar* ; sa mère : *Kokelka.*
(Voir S, B. N., t. I, p. 298.)
Saint-Lô : 1889. — Mort le 14 avril 1893.

LORD-WORCESTER, 1/2 s. A. — H. N.
B. 1889. — Angleterre.
Par *Lord-Bardolph*, 1/2 s. A., et une fille de Fire-Away, 1/2 s. A.
Le Pin : depuis 1894.

MILTON. — H. N.
B. 1879. — Amérique.
Par *Smuggler*, 1/2 s. Am., et *Lizzie*, 1/2 s. Am.
Le Pin : depuis 1896.

MILTON (approuvé). — M. A.-E. Terry — H. N., 1896.
B. 1881. — Amérique.
Le Pin : depuis 1892.

NORTH-STAR, 1/2 s. A. — H. N.
Al. 1877. — Angleterre.
Le Pin : depuis 1882.

PARK-SWELL, 1/2 s. A. — H. N.
Al. 1888. — Angleterre.
Par *Randy*, 1/2 s. A., et *Whatboys-Lucy*, par Norfolk-Hero, 1/2 s. A.
Le Pin : depuis 1893.

PHILOSOPHE, 1/2 s. B. (approuvé).
M. Launaille, 1882. — M. P. Belloir, 1889.
B. 1878. — Ille-et-Vilaine.
Par *Richepanse*, 1/2 s. N., et *N.*, par Champaubert, 1/2 s. N.
Saint-Lô : 1882. — Réformé après la monte de 1893

PHŒNOMENON, 1/2 s. A. — H. N.
Al. 1875. — Angleterre.
Le Pin : 1882. — Réformé en 1891.

RAPID-ROAN, 1/2 s. A. (approuvé). — M. du Douet.
Ro. 1866. — Angleterre.
Le Pin : depuis 1880.

RESOLUTION III, 1/2 s. A. — H. N.
B. 1893. — Angleterre.
Par *Beauclerc* et *Annie*, par County-Member.
Le Pin : depuis 1897.

ROYAL-STAR, 1/2 s. A. — H. N.
Al. 1888. — Angleterre.
Par *North-Star*, 1/2 s. A., et une fille de Royal-Charley, 1/2 s. A.
Le Pin : depuis 1893.

SHAMROCK, 1/2 s. A. — H. N.
Al. 1870. — Angleterre.
Par *Sheperd-F.-Knapp*, 1/2 s. Am., et *Withe-Stockings*, 1/2 s. A.
Saint-Lô : 1874. — Abattu le 18 août 1893.

SIR-JAMES III, 1/2 s. A. — H. N.
Bb. 1891. — Angleterre.
Par *Ruby*, 1/2 s. A., et *Rarebits*, par Norfolk-Gentleman, 1/2 s. A.
Le Pin : depuis 1897.

SIR-PETER-REPPS, 1/2 s. A. — H. N.
Bb. 1890. — Angleterre.
Par *Monarch*, 1/2 s. A., et une fille de The Dean, 1/2 s. A.
Le Pin : depuis 1895.

SPECULATION, 1/2 s. A. — H. N.
Al. 1891. — Angleterre.
Par *Evolution* et *Lady-Marton*, par Denmark.
Le Pin : depuis 1897.

STAR-OF-SEDGEFORD, 1/2 s. A. — H. N.
Ro. 1893. — Angleterre.
Par *Star-of-Morley* et *Lady-Margaret*, par Vigorous.
Le Pin : depuis 1892.

STARBOROUGH, 1/2 s. A. — H. N.
Al. 1887. — Angleterre.
Le Pin : depuis 1894.

TALLY-HO, 1/2 s. A. — H. N.
Ro. 1885. — Angleterre.
Par *Tally-Ho* et une jument irlandaise.
Le Pin : depuis 1890.

THYM, 1/2 s. V. — H. N.
B. 1875. — Vendée.
Par *Glaneur*, *Kapirat II* ou *Karibon*, 1/2 s. N., et une 1/2 s. V., par Vulgaire, 1/2 s. N.
Saint-Lô : 1879. — Castré le 19 août 1892.

TRÉSORIER, 1/2 s. V. — H. N.
B. 1875. — Vendée.
Par *Jambes-d'Argent*, 1/2 s. N., et 1/2 s. V., par Molière, 1/2 s. N.
Saint-Lô : 1879. — Abattu le 4 août 1894.

TRUMAN'S-BARDOLPH, 1/2 s. A. — H. N.
Al. 1888. — Angleterre.
Par *Lord-Bardolph*, 1/2 s. A., et *Benwick-Sowel*, par Lord-of-The-Manor, 1/2 s. A.
Le Pin : depuis 1893.

VENICE, 1/2 s. A. — H. N.
B. 1891. — Angleterre.
Par *General-Gordon*, 1/2 s. A., et *Lady-Mirfield*, par Fire-Away, 1/2 s. A.
Le Pin : depuis 1897.

VESPER, 1/2 s. A. —H. N.
Ro. 1885. — Angleterre.
Par *Roan-Confidence* et *Hurdle*.
Le Pin : depuis 1890.

WESTMINSTER, 1/2 s. A. — — H. N.
Aub. 1874. — Angleterre.
Le Pin : 1881. — Réformé en 1894.

WILL'S-FAVORITE, 1/2 s. Am.
(Approuvé). — M. Terry.
B 1886. — Amérique.
Origine américaine.
Le Pin : depuis 1893.

3°

ÉTALONS DE PUR SANG

AYANT FAIT LA MONTE EN NORMANDIE

(1891-1897)

ÉTALONS DE PUR SANG

Ayant fait la monte en Normandie

ACCAPAREUR, ex-**GROS-PAUL**, P. S. A. S.B.F., t. XI, p. 385
M. Dousdebès.
Al. 1891. — France.
Par *Gamin* et *Persist*, par Silvester.
Le Pin : depuis 1897.

ALGER, P. S. A. — H. N. S.B.F., t. XI, p. 4
M. Paul Aumont.
Al. 1893. — France.
Par *Saxifrage* et *Australie*, par Trocadéro.
Le Pin : depuis 1895.

ALGUAZIL, P. S. A. — M. G. Dreyfus. S.B.F., t. IX, p. 96
Al. 1887. — France.
Par *Don-Carlos* et *Carpette*, par Kidderminster.
Le Pin : depuis 1895.

ALHAMBRA.— M. Moreau Chaslon. S.B.F., t. IX, p. 2
Loué en 1890 à M. E. Blanc.
B. 1879. — France.
Par *Consul* et *The Abbess*, par Atherstone.
Le Pin : depuis 1886.

ALLO, P. S. A. — M. Hatin. S.B.F., t. X, p. 220
Bb. 1889. — France.
Par *Zut* et *Lady-Glenorchy*, par Breadalbane.
Saint-Lô ; depuis 1896.

AMADIS, P. S. A. — H. N. S. B. F., t. XI, p. 1
B. 1889. — France.
Par *King-Lud* et *Optimia*, par Plutus.
Saint-Lô : 1893. — Castré le 28 novembre 1895.

AQUARIUM, P. S. A. — M. Deschamps. S. B. F., t. IX, p. 284
B. 1889. — France.
Par *Narcisse* et *Miss-Hannah*, par King-Tom.
Le Pin : depuis 1896.

ARROSAGE, P. S. A. — H. N. S. B. F., t. X, p. 276
Al. 1889. — France.
Par *Xaintrailles* et *Verdoyante*, par Peut-Être,
Saint-Lô : depuis 1894.

ASSUÉRUS, P. S. A. — H. N. S. B. F., t. XI, p. 2
B. 1886. — France.
Par le *Petit-Caporal* et *Arcole*, par Monarque.
Saint-Lô : depuis 1893.

ATLANTIC, P. S. A. S. B. F., t. IV, p. 2
Bon de Schickler.
Al. 1871. — Angleterre. Importé en 1874.
Par *Thormanby* et *Hurricane*, par Wild-Dayrell.
Saint-Lô : 1876. — Mort en 1894.

AUGURE, P. S. A. — Mis de Triquerville. S. B. F., t. XI, p. 2
B. 1886. — France.
Par *Julius-Cœsar* et *Anaconda*, par d'Estournel.
Le Pin : depuis 1895.

AUSTRAL, P. S. A. — H. N. S. B. F., t. XI, p. 2
Al. 1889. — France.
Par *Saxifrage* et *Australie*, par Trocadéro.
Saint-Lô : depuis 1893.

AVOR, P. S. A. S. B. F., t. IX, p. 4
M. Desclos, 1889 ; Ctesse Isola, 1892.
B. 1881. — France.
Par *Dollar* et *Finlande*, par Ion.
Le Pin : depuis 1889.

BALLU, P. S. A. — M. Lemonnier. S. B. F., t. XI, p. 3
Bb. 1886. — France.
Par *John-Day* et *Cybaline*, par Wellingtonia.
Le Pin : depuis 1894.

BALZAN, P. S. A. — Mis Maison. S.B.F., t. IX. p. 4
B. 1883. — France.
Par *Balagny* ou *Wellingtonia* et *Queen-of-the-Valley*,
par King-of-the-Forest.
Le Pin : depuis 1889.

BARBILLON, P. S. A. S.B.F., t. X. p. 74
Duc de Feltre, 1896 ; Mlle Bartholoni.
Al. 1889. — France.
Par *Reluisant* et *Barbillonne*, ex-*Mi-voie*, par Y. Gladiator.
Le Pin : depuis 1895.

BARIOLET, P. S. A. — M. Ephrussi. S. B. F., t. XI. p. 3
H. N., 1885. — Al. 1878. — France.
Par *Trocadéro* et *Bariolette*, par Orphelin.
Le Pin : 1884. — Saint-Lô : depuis 1894.

BASILE, P. S. A. — M. P. Auvray. S. B. F., t. IX. p. 5
B. 1878. — France.
Par *Ruy-Blas* et *Basilia*, par Trumpeter.
Le Pin : depuis 1880.

BEAUJOLAIS, P. S. A. — H. N. S. B. F., t. XI. p. 116
Al. 1891. — Eure.
Par *Gamin* et *Bigamy*, par Wild-Oats.
Le Pin : depuis 1897.

BEAUMESNIL, P. S. A. — H. N. S. B. F., t. IX. p. 5
B. 1882. — France.
Par *Bleinheim* et *Brown-Rosalind*, par Sundeelah.
Le Pin : 1890. — Réformé en 1893.

BEGONIA, P. S. A. — M. Desclos. S.B.F., t. VIII. p. 117
B. 1885. — France.
Par *Plutus* et *Belle-Etoile*, par Light.
Le Pin 1891. — Réformé en 1892.

BÉRENGER, P. S. A. — M. Say, 1893. S.B.F., t. XI. p. 4
H. N., 1894. — Al. 1888. — France.
Par *The-Bard* et *Boutade*, par Trocadéro.
Le Pin : 1893. — Saintes : depuis 1895.

BICEPS, P. S. A. — M. Rossignol. S.B. F., t. X. p. 6
B. 1888. — France.
Par *Nougat* et *Bizerte*, par Androclès.
Le Pin : depuis 1892.

BOÏADOR, P. S. A. S. B. F., t. IX, p. 6
MM. Moreau-Chaslon, 1880 ; Mis Maison ; Paul Auvray, 1895.
B. 1874. — France.
Par *Vermouth* et *La Bossue*, par De Clare.
Le Pin : depuis 1881.

BOISSY, P. S. A. — H. N. S. B. F., t. IX, p. 6
Al. 1881. — France.
Par *Verdun* et *Belle-Etoile*, par First-Born.
Le Pin : depuis 1888.

BORDER-MINSTREL, P. S. A. — H. N. S.B.F., t. VIII, p. 4
Al. 1880. — Angleterre.
Par *Tynedale* et *Glee*, par Adventurer.
Le Pin ; depuis 1886.

BOULE-DOG, P. S. A. — H. N. S.B.F., t. XI, p. 5
Al. 1886. — France.
Par *Patriarche* et *Boulette*, par Verdun.
Saint-Lô : depuis 1894.

BREST, P. S. A. — M. J. Lebaudy. S. B. F., t. XI, p. 5
B. 1881. — Angleterre.
Par *Ethus* et *Baroness*, par Y. Melbourne.
Le Pin : depuis 1893.

BRUCE, P. S. A. — H. N. S.B.F., t. VIII, p. 5
B. 1879. — Angleterre.
Par *See-Saw* et *Carine*, par Caterer ou Stockwell.
Le Pin : depuis 1886.

BRUTUS, P. S. A. S.B. F., t. VIII, p. 5
MM. Desmonts, 1887 ; Le Gonidec, 1888 ; Lemonnier, 1889.
B. 1879. — France.
Par *Vertugadin* et *Basquine*, par Ruy-Blas.
Le Pin : depuis 1887.

BUFFALO-BILL, P. S. A. — H. N. S.B.F., t. X, p. 320
B. 1889. — France.
Par *Seigneur II* et *Prudente*, ex-*Brunette*, par Le Petit-Caporal.
Saint-Lô : 1894. — Mort le 13 mars 1897.

CABALLERO, P. S. A. — M. H. Say. S.B. F., t. XI, p. 5
B. 1889. — France.
Par *Perlexe* et *Lord-Clifden Mare*, issue de The Princess-of-Wales, par Stockwell.
Le Pin : depuis 1894.

CAID, P. S. A. — M. C. Blanc. S.B.F., t.X. p.8
Al. 1888. — France.
Par *Saxifrage* et *Eva*, par Trombone ou Blenheim.
Le Pin : depuis 1892.

CALLISTRATE, P. S. A. — M. Abeille. S.B.F., t.X. p.110
Bb. 1890. — France.
Par *Cambyse* et *Citronelle*, par Mars.
Le Pin : depuis 1896.

CAMBYSE, P. S. A. — Cte Foy. S.B.F., t.IX. p.7
B. 1884. — France.
Par *Androclès* et *Cambuse*, par Plutus.
Saint-Lô : 1889. — 1897, mort avant la monte.

CARAFON, P. S. A. — M. Dodge. S.B.F., t.VIII.p.209
B. 1885. — France.
Par *Tabac* et *Collerette*, par Plutus.
Le Pin : depuis 1891.

CASTOR, P. S. A. — M. Perrin. S.B.F., t.X. p.9
Al. 1885. — France.
Par *Beaurepaire* et *Ciboule*, par Cymbal.
Le Pin : depuis 1892.

CHALET, P.S.A.— M. le Cte Le Marois. S.B.F. t.XI.p.6.
B. 1887. — France.
Par *Beauminet* et *The Frisky-Matron*, par Crémorne.
Saint-Lô : 1893. — Le Pin : depuis 1894.

CHANDERNAGOR, P.S.A. — H. N. S.B.F., t.X, p.307
Al. 1890. — Seine-et-Oise.
Par *Xaintrailles* et *Pensacola*, par Dollar.
Saint-Lô : depuis 1897.

CHELSEA, P.S.A. — Ctesse d'Isola. S.B.F., t.X. p.40
Al. 1878. — Angleterre.
Par *Cremorne* et *Brigantine*, par Buccaneer.
Le Pin : depuis 1892.

CHÊNE-ROYAL, P. S. A. S.B.F., t.XI. p.7
M. le Cte de Tracy.
B. 1889. — France.
Par *Narcisse* et *Perplexité*, par Perplexe.
Le Pin : depuis 1894.

CHESTERFIELD, P. S. A. S.B.F., t.XI, p.7
M. R. Lebaudy.
Al. 1888. — Angleterre.
Par *Wisdom* et *Bramble*, par See-Saw.
Le Pin : depuis 1894.

CHITRÉ, P.S.A. — H. N., 1885. S.B.F., t.VIII, p.6
Al. 1880. — France.
Par *Trocadéro* et *Sée*, ex-*La Cée*, par Orphelin.
Le Pin : 1885-1889. — Perpignan, 1890-1893.
Saint-Lô : depuis 1894.

CLAIRON, P.S.A. — M. le Cte Dauger. S.B.F., t.X, p.11
B. 1888. — France.
Par *Wellingtonia* et *Aïda*, par Hermit.
Le Pin : depuis 1892.

CLAMART, P. S. A. — M. E. Blanc, 1892. S.B.F., t.XI, p.8
H. N., 1895.
Al. 1888. — France.
Par *Saumur* et *Princess-Catherine*, par Prince-Charlie.
Le Pin : depuis 1892.

CLARET, P.S.A. — H. N. S.B.F., t.XI, p.148
B. 1891. — Hautes-Pyrénées.
Par *Grandmaster* et *Clairvoyante*.
Saint-Lô : depuis 1896. — Mort en février 1896.

CLAYMORE, P.S.A. — H. N. S.B.A., t.XV, p.430 S.B.F., t.XI, p.8
B. 1884. — Angleterre.
Par *Camballo* et *Setapore*, par Sundeelah.
Le Pin : 1897. — Mort le 15 décembre 1897.

CLOVER, P.S.A. — M. Ed. Blanc. S.B.F., t.IX, p.350
Al. 1886. — France.
Par *Wellingtonia* et *Princess-Catherine*, par Prince-Charlie.
Le Pin : depuis 1891.

CLUNY, P.S.A. — M. Desclos. S.B.F., t.X, p.12
B. 1885. — France.
Par *Beauminet* ou *Insulaire*, et *Contempt*, par King-Tom.
Le Pin : depuis 1892.

COMPAGNON II, P.S.A. — M. Ed. Blanc. S.B.F., t.XI, p.9
Al. 1888. — France.
Par *Energy* et *Consolation*, par Montagnard.
Le Pin : depuis 1894.

COQ-DU-VILLAGE, P. S. A. S.B.F., t.VII, p.9
H. N.
B. 1877. — Angleterre.
Par *Y. Trumpeter* et *Village-Maid*, par Stockwell.
Le Pin : 1887. — Réformé en 1891.

CORDON-BLEU, P. S. A. — H. N.
N. 1888. — Angleterre. — Importé en 1894.
Par *Thurio* et *Blue-Riband*.
Saint-Lô : 1894. — Mort le 10 août 1894.

COTENTIN, P. S. A. — H. N. S.B.F., t.X, p.377
M. Jacquemin, 1895.
Al. 1889. — France.
Par *Energy* et *Vert-Pré*, par Patricien.
Le Pin : depuis 1895.

CRISPIN, P.S.A. — Mlle Bartholoni. S.B.F., t.IX, p.401
B. 1888. — France.
Par *Wellingtonia* et *Céramée*, par Hospodar.
Le Pin : depuis 1897.

CYRUS, P.S.A. — M. Dousdebès. S.B.F., t.X, p.422
Al. 1891. — France.
Par *Vernet* et *Cybèle*, par Mandrake.
Le Pin : depuis 1896.

DARD, P.S.A. — H. N. S.B.F., t.VI, p.178
Al. 1880. — France.
Par *King-Lud* et *Dart*, par Lambton.
Saint-Lô : 1886. — Castré le 28 octobre 1893.

DICTATOR, P.S.A. — H.N. S.B.F., t.X, p.361
B. 1890. — Orne.
Par *Julius-Cæsar* et *The Frisky-Matron*, par Crémorne.
Saint-Lô : depuis 1896.

DIEGO, P.S.A. — M. Grardel. S.B.F., t.IX, p.422
Al. 1888. — France.
Par *Little-Duck* et *Dart*, par Lambton.
Le Pin : depuis 1896.

DISSÉ, P. S. A. S.B.F., t.X, p.224
M. Tirard, 1895 ; M. Pierre, 1895.
B. 1890. — France.
Par *Fontainebleau* et *La Grifferie*, par Mars.
Saint-Lô : 1895. — N'a pas été présenté pour la monte de 1896.

DOLMA-BAGTCHÉ, P.S.A. S.B.F., t.X, p.52
Bon de Schickler.
Bb. 1891. — France.
Par *Krakatoa* et *Alaska*, par Galopin.
Saint-Lô : depuis 1895.

DON-JUAN. — M. Ravault. S.B.F., t.VIII, p.245
Al. 1885. — France.
Par *Le Destrier* et *Déodora*, par Macaroni.
Le Pin : 1891. — Castré en 1892.

DOURAK, P. S. A. S.B.F., t.XI, p.10
M. Michel Ephrussi.
Al. 1887. — France.
Par *Victor-Emmanuel* et *Dulci-Domum*, par Cambuscan.
Le Pin : depuis 1893.

DRUIDE, P.S.Ar. — H. N. S.B.F., t.V, p.550
Gr. 1876. — France.
Par *Kélif* et *Saada*.
Pompadour - Le Pin : depuis 1895. — Réformé en 1893.

EMOUCHET, P.S.A.-A. — H. N. S.B.F., t.XI, p.522
Al. 1893. — Corrèze.
Par *Fligny*, P. S. A., et *Estencia*, P. S. A.-A.
Le Pin : depuis 1897.

ESCOGRIFFE, P.S.A. S.B.F., t.XI, p.10
M. Donon, 1887 ; M. C. Blanc.
Al. 1881. — France.
Par *Caterer* et *Ella*, par Ely.
Le Pin : 1887. — En Allemagne : 1894.

ÉTAIN, P. S. A. S.B.F., t.IX, p.48
M. Le Sénéchal, 1884 ; M. Trochon, 1885.
Al. 1879. — France.
Par *Eole II* et *Brown-Salind*, par Sundeelah.
Saint-Lô : 1884. — Réformé en 1895.

ÉTENDARD, P.S.A. — H. N. S.B.F., t. XI, p.191
B. 1891. — Gers.
Par *Artois* et *Étoile-du-Matin*, par Cymbale.
Saint-Lô : depuis 1896.

FAISAN, P.S.A. — M. Prat. S.B.F., t.VI, p.10
Al. 1875. France.
Par *Monitor II* et *Fluke*, par Turnus.
Le Pin : depuis 1881.

FATALISTE, P.S.A. — H. N. S.B.F., t.VIII, p.11
Al. 1878. — France.
Par *Le Sarrazin* et *Mademoiselle-de-Fligny*, par Bois-Roussel.
Le Pin : depuis 1884.

FÉTICHE, P.S.A. S.B.F., t.XI, p.44
Bonne de Bray, 1891 ; M. Maurice Ephrussi, 1895.
B. 1883. — France.
Par *Nougat* et *Fleurines*, par Mortemer.
Le Pin : depuis 1891.

FIN-BOIS, P.S.A. — H. N. 1892. S.B.F., t.X, p.46
Al. 1888. — France.
Par *Réussi* et *Fine-Chartreuse*, par Carrouges.
Saint-Lô : 1892. — Le Pin depuis 1893.

FITZ-HAMPTON, P. S. A. S.B.F., t.XI, p.11
M. Michel Ephrussi.
B. 1887. — Angleterre.
Par *Hampton* et *Lady-Binks*, par Adventurer.
Le Pin : depuis 1894.

FLEURISSANT, P.S.A. — M. Dodge. S.B.F., t.XI, p.42
B. 1888. — France.
Par *Mourle* et *Mignonnette*, par Ferragus.
Le Pin : depuis 1894.

FLORESTAN, P. S. A. S.B.F., t.XI, p.42
MM. Delâtre, 1892 ; Cte J. de Ganay, 1893.
Al. 1880. — France.
Par *Vermouth* et *Deliane*, par The Flying-Dutchman.
Le Pin : 1892. — Saint-Lô : 1893.
N'a pas été présenté pour 1897.

FOREST-DANCER, P.S.A. S.B.F., t.X, p.17
M. Moreau-Chaslon.
B. 1886. — Angleterre.
Par *Rosicrucian* et *Katinka*, par Paul-Jones.
Le Pin : depuis 1892.

FOUSI-YAMA, P.S.A. S.B.F., t.X, p.242
Bon de Rothschild.
Al. 1890. — France.
Par *Atlantic* et *Little-Sister*, par Hermit.
Le Pin : depuis 1895.

FRA-ANGÉLICO, P.S.A. S.B.F., t.XI, p.12
Bon de Schickler.
B. 1889. — France.
Par *Perplexe* et *Escarboucle*, par Doncaster.
Saint-Lô : depuis 1894.

FRACASTOR, P.S.A. S.B.F., t.XI, p.12
M. G. Fontenier.
Al. 1870. — France.
Par *Vertugadin* et *Fugitive*, par Red-Heart.
Saint-Lô : 1894. — Mort après la monte de 1896.

FRA-DIAVOLO, P.S.A. S.B.F., t.IX, p.15
M. P. Aumont. — H. N. : depuis 1896.
Al. 1881. — France.
Par *Trocadéro* et *Orpheline*, par Orphelin.
Le Pin : depuis 1887.

FRÉDÉRIC, P.S.A. — M. Hatin. S.B.F., t.XI, p.13
B. 1886. — France.
Par *Zut* et *Consolation*, par Montagnard.
Saint-Lô : 1893. — N'a pas été présenté en 1897.

FRIPON, P. S. A. S.B.F. t.IX, p.15
M. Ed. Blanc ; M. Vanderbilt, 1896.
B. 1883. — France.
Par *Consul* et *Folle-Avoine*, par Favonius.
Le Pin : depuis 1889.

FRONTIN, P.S.A. — Bon de Soubeyran. S.B.F., t.XI, p.13
Al. 1880. — France.
Par *George Frederick* et *Frolicsome*, par Weatherbit.
Le Pin : 1890. — En 1892, passé dans le département de la Marne ;
Loué à M. Menier.

FROUVILLE, P.S.A. — M. J. Joubert. S.B.F., t.IX, p.15
Al. 1883. — France.
Par *Consul* et *Frisette*, par Gabier.
Le Pin : 1888. — En Roumanie 1893.

GALEAZZO, P. S. A. S.B.F., t.XII, à paraître
Bon de Rothschild.
Par *Galopin* et *Eira.*
Le Pin : depuis 1897.

GALWAY, P.S.A. — M. R. Lebaudy. S.B.F., t.XI, p.13
N. 1887. — Angleterre.
Par *Gaillard* et *Westeria*, par Sterling.
Le Pin : depuis 1894.

S.B.A., t.XVI, p.38
GAMBLER, P.S.A. — H. N. S.B.F., t.X, p.19
B. 1887. — Angleterre. Importé en 1891.
Par *Erin* et *The Bee*, par Lord-Clifden.
Saint-Lô : depuis 1891.

GAMIN, P.S.A. — M. Michel Ephrussi. S.B.F., t. IX, p. 16
Al. 1883. — France.
Par *Hermit* et *Grace*, par The Scottish-Chief.
Le Pin : 1888. — Mort en 1895.

GIGÈS, P. S. A. S.B.F., t.XII, à paraître
M. Le Marchand. — Al. 1889. — France.
Par *Hermitt* et *Substitut.*
Saint-Lô : depuis 1897.

GOLDONI, P.S.A. — H. N. S.B.F., t.XI, p.222
Al. 1893. — Eure.
Par *Pourtant* et *Gargousse*, par Pompier.
Saint-Lô : depuis 1897.

GOSPODAR, P. S. A. S.B.F., t.XI, p.227
M. Michel Ephrussi. — Al. 1891. — France.
Par *Gamin* et *Georgina*, par Trocadéro.
Le Pin : depuis 1895.

GOSPORT, P.S.A. — M. Dimpault. S.B.F., t. IX, p.181
B. 1888. — France.
Par *Southampton* et *Gisela*, par Kisber.
Le Pin : depuis 1896.

GOURNAY, P.S.A. S.B.F., t. X, p. 20
Cte de Nicolay, 1889. — H. N., 1893.
B. 1884. — France.
Par *Plutus* et *Grenade*, par Trocadéro.
Saint-Lô : depuis 1893.

GRAND-PRIOR, P. S. A. S.B.A., t. VIII, p.140
M. Halbronn.
Al. 1887. — Angleterre.
Par *Hermit* et *Devotion*, par Stockwell.
Le Pin : depuis 1895.

GRISOLET, P. S. A. S.B.F., t.IX, p.18
M. le Cte Le Marois. — H. N.
Al. 1886. — France.
Par *Flageolet* et *Oulgouriska*, par Patricien.
Le Pin : depuis 1890.

HAM, P.S.A. — H. N. (importé en 1891). S.B.A., t.XVI, p.175 S.B.F., t.X, p.21
B. 1884. — Angleterre.
Par *Hampton* et *Fritella*, par Macaroni.
Saint-Lô : depuis 1891.

HEAUME, P.S.A. — Bon de Rothschild. S.B.F. t.IX, p.78
B. 1887. — France.
Par *Hermit* et *Bella*, par Breadalbane.
Le Pin : depuis 1892.

HUMEWOOD, P.S.A. — H. N. S.B.F., t.XI, p.46
Bb. 1884. — Angleterre. — Importé en 1892.
Par *Londesborough* et *Alabama*, par Buccaneer.
Le Pin : depuis 1893.

IDUS, P.S.A. — Delamarre. S.B.F., t.VI, p.13
Bb. 1867. — Angleterre.
Par *Wild-Dayrel* et *Freight*, par John-O'Gaunt.
Le Pin : depuis 1878.

IMPOSTEUR, ex-**INCITATUS II**. S.B.F., t.X, p.201
M. le Bon de Schickler.
B. 1889. — France.
Par *Energy* et *Iphigénie*, par Hospodar.
Saint-Lô : depuis 1896.

ISMAËL, P.S.A. — M. le Cte Le Gonidec. S.B.F., t.VIII, p.18
Al. 1875. — France.
Par *Flageolet* et *Verdure*, par *West-Australian*.
Le Pin : depuis 1884.

JAVELOT, P.S.A. — M. Tirard. S.B.F., t.IX, p.210
Al. 1887. — France.
Par *Saxifrage* et *Joyeuse*, par Trocadéro.
Saint Lô 1891. — Réformé en 1892.

JOËL, P.S.A. — Bon de Soubeyran. S.B.F., t.X, p.24
Al. 1887. — France.
Par *Little-Duck* et *Jocosa*, par Fitz-Roland.
Le Pin : depuis 1892.

JULIUS-CŒSAR, P.S.A. S.B.F., t.VIII, p.49
Cte Foy, 1885 ; Cte Le Marois.
Bb. 1873. — Angleterre.
Par *Saint-Albans* et *Julie*, par Orlando.
Saint-Lô : 1885. — Le Pin : depuis 1889.

KASCHMIR, P.S.A. — Cte Foy. S.B.F., t.XI. p.17
B. 1887. — France.
Par *Saumur* et *Kate*, par Josskyn.
Saint-Lô : depuis 1894. — Réformé en 1894.

KING-LUD, P.S.A. — Cté de Berteux. S.B.F., t.VII, p.48
B. 1869. — Angleterre.
Par *King-Tom* et *Qui-Vive*, par Voltigeur.
Le Pin : 1885. — Mort en 1894.

KOSROËS, P.S.A. — M. le Cte Foy. S.B.F., t.XI. p.267
Bb. 1892. — France.
Par *Cambyse* et *Kate II*, par Joskin.
Saint-Lô : depuis 1897.

KRAKATOA, P.S.A. S.B.F., t.IX, p.22
Bon de Schickler, 1890. — H. N., 1891.
B. 1884. — France.
Par *Thunderbolt* et *Little-Sister*, par Hermit.
Saint-Lô : 1896. — Le Pin : 1891.

L'AMOUR, P.S.A. — H. N. S.B.F., t.XI, p.414
B. 1891. — Manche.
Par *Saltéador* et *Rose-d'Amour*, par Galopin.
Saint-Lô : depuis 1897.

LAVARET, P.S.A. — Bon de Rothschild. S.B.F., t.IX. p.22
B. 1881. — France.
Par *Boïard* et *Laversine*, par Monarque.
Le Pin : depuis 1887.

LE CAPRICORNE, P.S.A. S.B.F., t.IX, p.220
Bonne de Bray. — Al. 1888. — France.
Par *Atlantic* et *La Dauphine*, par Doncaster.
Le Pin : depuis 1895.

LE CHESNAY, P.S.A. S.B.F., t.XI, p.18
M. Éd. Blanc. — Bb. 1889. — France.
Par *Energy* et *La Noue*, par Le Petit-Caporal.
Le Pin : depuis 1894.

LE DARD, P.S.A. — H. N. S.B.F., t.VI, p.15
B. 1875. — France.
Par *Wingrave* et *La Dheune*, par Black-Eyes.
Saint-Lô : 1881. — Mort le 22 mars 1895.

LE DESTRIER, P.S.A. S.B.F., t.VII, p.18
MM. P. Donon, 1887 ; Dousdebès.
Al. 1875. — France.
Par *Flageolet* et *La Dheune*, par Black-Eyes.
Le Pin : depuis 1887.

LE FORESTIER, P.S.A. S.B.F., t.IX, p.390
Bon de Rothschild. — B. 1888. — France.
Par *Foxhall* et *Victory II*, par Hermit.
Le Pin : depuis 1892.

LE GOURZY, P.S.A. — H. N. 1892. S.B.F., t.XI, p.18
B. 1887. — France.
Par *Verdun* et *Sainte-Lucia*, par Rosicrucian.
Saint-Lô : depuis 1892.

LE HARDY, P.S.A. — M. C. Blanc. S.B.F., t.X, p.58
Al. 1888. — France.
Par *Saint-Louis* et *Albania*, par Saint-Albans.
Le Pin : depuis 1892.

LE LÉTHÉ, P.S.A. — Cte de Chènclette. S.B.F., t.XI, p.258
B. 1893. — France.
Par *Stuart* et *Isménie*, par Plutus.
Le Pin : depuis 1897.

LE NICHAM, P.S.A. S.B.F., t.X, p.228
Bon de Rothschild. — N. 1890. — France.
Par *Tristan* et *La Noce*, par Wellington.
Le Pin : depuis 1895.

LE PARMELAN, P.S.A. — M. Lazies. S.B.F., t.X, p.102
Bb. 1889. — France.
Par *Lord-Clive* et *Catane*, par Dollar.
Le Pin : depuis 1897.

LE POMPON, P.S.A. — M. Ed. Blanc. S.B.F., t.XI, p.280
B. 1891. — France.
Par *Fripon* et *La Foudre*, par The Scottish-Chief.
Le Pin : depuis 1896.

LE RHÔNE, P.S.A. — M. Hawes. S.B.F., t.XI, p.19
B. 1883. — France.
Par *Menars* et *La Risle*, par Vermouth.
Le Pin : depuis 1893.

LE SAGITTAIRE, P.S.A. S.B.F., t. XI, p.273
M. le Cte de Ganay. — Al. 1892. — France.
Par *Le Sancy* et *La Dauphine*, par Doncaster.
Saint-Lô : depuis 1897.

LE SANCY, P.S.A. — Bon de Schickler. S.B.F., t.VIII, p.372
Gr. 1884. — France.
Par *Atlantic* et *Gem-of-Gems*, par Strathconan.
Saint-Lô : depuis 1891.

LITTLE-DUCK, P.S.A. S.B.F., t.VIII, p.32
Bon de Soubeyran, 1890. — M. J. Lebaudy, 1895.
B. 1881. — France.
Par *See-Saw* et *Light-Drum*, par Rataplan.
Le Pin : depuis 1890.

LŒFFLER, P.S.A. — M. Desclos. S.B.F., t.X, p.28
B. 1885. — France.
Par *Westminster* et *Carpette*, par Kidder-Minster.
Le Pin : depuis 1892.

LORD-CLIVE, P.S.A. — Bon Roger. S.B.F., t.VII, p.19
Bb. 1875. — Angleterre.
Par *Lord-Clifden* et *Plunder*, par Buccaneer.
Le Pin : depuis 1887.

LUCILIO, P.S.A. — M. Boussod. S.B.F., t.X, p.28
Al. 1885. — Italie.
Par *Arc* et *Europa*, par Carlson.
Le Pin : depuis 1892.

LUSIGNAN, P.S.A. — Bon Finot. S.B.F., t.VII, p.20
Bb. 1875. — France.
Par *Vermouth* et *Déliane*, par The Flying-Dutchman.
Le Pin : 1891. — 1893, ne fait plus la monte.

MADCAP, P.S.A. — M. Marghiloman. S.B.F., t.X, p.254
Al. 1889. — France.
Par *The Bard* et *Malibran*, par Consul.
Le Pin : depuis 1895.

MAGICIAN, P.S.A. — H. N. S.B.A., t.XIV, p.148 S.B.F., t.X, p.28
Al. 1879. — Angleterre.
Par *Blue-Gown* et *Fairy-Queen*, par Orest.
Saint-Lô : 1890. — Mort le 26 novembre 1893.

MAKSOUDE, P.S.Ar. — H. N. S.B.F., t.XI, p.69
Gr. 1884. — Palestine. — Importé en 1891.
De la tribu des Beni-Saker.
Son père : de race Abou-Rachan-Gonderic.
Sa mère : de race Kouheïlet-el-Agouz.
Le Pin : 1891. — Tarbes : depuis 1892.

MALGACHE, P.S.A. — M. Petit-Leroy. S.B.F., t.X, p.29
B. 1886. — France.
Par *Bariolet* et *Miss-Bowstring*, par Stafford.
Le Pin : depuis 1892.

MANOËL, P.S.A. S.B.F., t.IX, p.24
Bon de Soubeyran, 1891. — M. Holtzer, 1895.
B. 1880. — France.
Par *Flageolet* et *Vestale*, par Patricien.
Le Pin : depuis 1891.

MARDEN, P.S.A. — M. le Cte Foy. S.B.F., t.XV, p.30
Par *Hermit* et *Barchettina*, par Pelion.
Saint-Lô : depuis 1896.

MARTIN-PÊCHEUR II, P.S.A. S.B.F., t.X, p.29
M. Cartier. — B. 1881. — France.
Par *Dollar* et *Schooner*, par Father-Thames.
Le Pin : depuis 1892.

MAXICO, P.S.A. — M. Hawes. S.B.F., t.IX. p.25
Al. 1884. — France.
Par *Narcisse* et *Mab*, par Strathconan.
Le Pin : depuis 1889.

MÉDICIS, P.S.A. — Bon de Rothschild. S.B.F., t.X, p.346
Al. 1890. — France.
Par *Robert-the-Devil* et *Shotzka*, par Blair-Athol.
Le Pin : depuis 1897.

MEDIUM, P.S.A. — M. le prince Murat. S.B.F., t.X, p.273
B. 1890. — France.
Par *Maskelyne*, et *Miss-Cecil*, par Don-Carlos.
Le Pin : depuis 1890.

MIGNON, P.S.A. — M. Dousdebès. S.B.F., t.X, p.248
B. 1890. — France.
Par *Souci* et *Lyonesse*, par Lord-Lyon.
Le Pin : depuis 1896.

MILAN II, P.S.A. — M. Girardin, 1885. S.B.F., t.VII, p.22
H. N., 1887. — B. 1877. — France.
Par *Don-Carlos* et *Sée*, ex-*La Cée*, par Orphelin.
Le Pin : 1885-1886. — Saint-Lô : 1886. — Abattu le 4 août 1894.

MINISTÈRE, P.S.A. — H. N. S.B.F., t.VI, p.47
Par *Plutus* et *Mon-Etoile*, par Fitz-Gladiator.
B. 1875. — France.
Saint-Lô : 1881. — Abattu le 17 août 1897.

MIROIR-DE-PORTUGAL, P.S.A. S.B.F., t.IX, p.477
M. Holtzer. — Gr. 1888. — France.
Par *Atlantic* et *Gem-of-Gems*, par Strathconan.
Le Pin : depuis 1895.

MONARQUE, P.S.A. S.B.F., t.IX, p.26
M. P. Aumont. — B. 1884. — France.
Par *Saxifrage* et *Destinée*, par Ruy-Blas.
Le Pin : depuis 1890.

MONTBAREY, P.S.A. — H. N. S.B.F., t.VIII, p.23
Al. 1881. — France.
Par *Stracchino* et *L'Ariège*, par West-Australian.
Saint-Lô : 1885. — Castré le 3 septembre 1896.

MONTGEROULT, P.S.A. S.B.F., t.X, p.31
MM. Baresse, 1892 ; C. Forcinal, 1893.
Al. 1884. — France.
Par *Patriarche* et *La Hauteville*, par Tournament.
Le Pin : depuis 1892.

MOURLE, P.S.A. — H. N. S.B.F., t.VII, p.23
Bb. 1875. — France.
Par *Ruy-Blas* et *Mademoiselle-de-Couseix*, par Sylvain.
Le Pin : 1886. — Réformé en 1895.

NARCISSE, P.S.A. S.B.F., t.VII, p.23
MM. de Berteux ; Cte Le Marois ; J. Lebaudy.
B. 1876. — France.
Par *Trocadéro* et *Julia-Peel*, par Amsterdam.
Le Pin : 1884. — Saint-Lô : depuis 1892.
(N'a pas fait la monte de 1893 dans la circonscription de Saint-Lô.)

NAUTILUS, P.S.A. — M. J. Foret. S.B.F., t. XI, p. 22
Al. 1883. — France.
Par *Nougat* et *Musette*, par Flageolet.
Le Pin : depuis 1893.

NICKEL, P.S.A. — H. N. S.B.F., t.IX, p.28
Al. 1879. — France.
Par *Tabac* et *Niche*, par Gladiateur.
Saint-Lô : 1886. — Castré le 19 août 1892.

NIGAUD, P.S.A. — H. N. S.B.F., t.XI, p.361
Al. 1891. — Oise.
Par *Fra-Diavolo* et *Nérina*, par Thunderbolt.
Saint-Lô : depuis 1897.

NIP-NIP, P.S.A. — M. Fontenier. S.B.F., t.X, p.215
Bb. 1889. — France.
Par *Ladislas* et *Nuncia-Jeune*, par Trombone ou Foudre-de-Guerre.
Saint-Lô : depuis 1897.

NOUGAT, P.S.A. S.B.F., t.V, p.16
M. Cartier, 1892. — M. Maurice Ephrussi, 1895.
B. 1872. — France.
Par *Consul* et *Nébuleuse*, ex-*Belle-de-Jour*, par Gladiator.
Le Pin : depuis 1878.

OLD-BRIDGE, P.S.A. — M. Bisson. S.B.F., t.IX, p.307
B. 1886. — France.
Par *Clotaire* et *Old-Maid*, par Knight-of-the-Garter.
Le Pin : depuis 1896.

ORCHID, P.S.A. — H. N. S.B.F., t.VIII, p.25
Al. 1882. — Angleterre.
Par *Hampton* et *Lady-Lavender*, par Master-Fenton.
Le Pin : depuis 1886.

OUDON, P.S.A. — M. Desclos. S.B.F., t.X, p.298
B. 1890. — France.
Par *Bruce* et *Opportune*, par Vertugadin.
Le Pin : depuis 1897.

PALATIN, P.S.A. — H. N. S.B.F., t.VI, p.49
Al. 1876. — France.
Par *Pompier* et *Princess*, par Monarque.
Saint-Lô : 1881. — Abattu le 17 août 1893.

PAPILLON, P.S.A. — M. R. Pascal. S.B.F., t.XI, p.24
B. 1886. — France.
Par *Saxifrage* et *Esmeralda*, par Nuncio.
Le Pin : depuis 1893.

PARSIFAL, P.S.A. — H. N. S.B.F., t.X, p.303
B. 1891. — France.
Par *Xaintrailles* et *Pandemonium*, par Pell-Mell.
Saint-Lô : depuis 1894.

PASTISSON, P.S.A. S.B.F., t.X, p.305
Mme la Ctesse Le Marois. — B. 1890. — France.
Par *Saint-Cyr* et *Pastèque*, par Marksman.
Saint-Lô : depuis 1896.

PÂTRE, P.S.A. S.B.F., t.VII, p. 24
Mis du Hallay (Le Pin). — M. G. Delettrez, 1893.
M. Le Marchand, 1896.
Al. 1878. — France.
Par *Peut-Être* et *Printanière*, par Chattanooga.
Le Pin : 1884. — Saint-Lô : depuis 1893.

PATRIARCHE, P.S.A. S.B.F., t.VI, p.20
Bonne de Bray. — Al. 1874. — France.
Par *Dollar* et *Partlet*, par Irish-Birdcatcher.
Le Pin : 1882. — Mort en 1895.

PEPPER-AND-SALT, P.S.A. S.B.A., t. XVI, p. 376
M. Halbronn. — Gr. 1882. — Angleterre.
Par *The Rake* et *Oxford-Mixture*, par Oxford.
Le Pin : depuis 1893.

PERDICAN, P.S.A. — M. le Cte de Juigné. S.B.F., t. XI, p. 24
H. N. — Bb. 1889. — France.
Par *Little-Duck* et *Peroration II*, par Pero-Gomez.
Le Pin ; 1894. — Villeneuve, depuis 1895.

PERPLEXE, P.S.A. (approuvé). S.B.F., t. V, p. 17
Bon de Schickler. — B. 1872. — France.
Par *Vermouth* et *Péripétie*, par Sting.
Saint-Lô : 1878.
N'a pas été présenté à l'approbation pour la monte de 1897.

PERSAN, P.S.A. — H. N. S.B.F., t. IX, p. 320
B. 1889. — Allier.
Par *Frontin* et *Peelite*, par General-Peel.
Saint-Lô : depuis 1896. — Mort le 27 janvier 1897.

PILOTE, P.S.A. — M. Fontenier. S.B.F., t. IX, p. 324
Al. 1886. — France.
Par *Bay-Archer* et *Picciola*, par Rémus.
Saint-Lô : depuis 1896.

PISTON, P.S.A. — H. N. S.B.F., t. V, p. 17
B. 1871. — France.
Par *Beauvais* et *Paste*, par Kingston.
Saint-Lô : 1876. — Abattu le 5 août 1891.

POLYGONE, P.S.A. — M. le Cte Dauger. S.B.F., t. XI, p. 120
B. 1891. — France.
Par *Xaintrailles* et *Brienne*, par Dollar.
Le Pin : depuis 1895.

PORTUGAL, P.S.A. S.B.F., t. XI, p. 471
Bb. 1892. — Calvados.
Par *Saxifrage* et *Verveine*, par Mourle.
Le Pin : depuis 1897.

POURTANT, P. S. A. S.B.F., t. VIII, p. 503
M. Michel Ephrussi. — Al. 1886. — France.
Par *Saxifrage* et *La Papillonne*, par Trocadéro.
Le Pin : depuis 1891.

PRÉ-CATELAN, P.S.A.— M. C. Blanc. S.B.F., t. X, p.36
B. 1887. — France.
Par *Greenback* et *Prenez-Garde*, par Flageolet.
Le Pin : 1892.

PRÉ-EN-PAIL, P. S. A. — M. Tirard. S.B.F., t. XI, p.25
B. 1886. — France.
Par *Verdun* et *Pâquerette*, par Ivanoff.
Saint-Lô : depuis 1892.

PRÉTENDANT II, P. S. A. S.B.F., t. XI, p. 25
M. Dousdebès.
B. 1888. — France.
Par *Energy* et *Porcelaine*, par Cymbal.
Le Pin : depuis 1893.

PROLOGUE, P.S.A. — Mis Maison. S.B.F., t.VII, p.26
Al. 1876. — France.
Par *Dollar* et *Planète*, par Gladiateur.
Le Pin : depuis 1891.

PROPHÈTE, P. S. A. — Mis de Tracy. S.B.F., t.XI, p. 26
B. 1886. — France.
Par *Faisan* et *Prospérité*, par Perplexe.
Le Pin : depuis 1894.

PUCHERO, P.S.A.— Ctesse Le Marois. S.B.F., t.XI, p. 26
B. 1887. — France.
Par *Perplexe* et *Japonica*, par See-Saw.
Saint-Lô : depuis 1893.

PULL-TOGETHER, P.S.A.— Bon de Bray. S.B,A., t. XV, p.379
B. 1885. — Angleterre.
Par *See-Saw* et *Panada*, par Newminster.
Le Pin : depuis 1897.

PYR, P. S. A. — M. Moore. S.B.F., t. IX, p.32
B. 1883. — France.
Par *Sylvio* et *Peelite*, par General-Peel.
Le Pin : 1889. — Mort en 1890.

PYTHAGORAS, P. S. A. S.B.A. t.XVI, p.324
M. de Saint-Alary.
Al. 1884. — Angleterre.
Par *Kingcraft* et *Migration*, par Trumpeter.
Le Pin ; depuis 1896.

QUAB, P.S.A. — M. Rossignol. S.B.F., t.VI, p.619
B. 1879. — France.
Par *Trocadéro*, et *Syren*, par The Cure.
Le Pin : 1891. — Vendu en 1892.

RAFFAELLO, P.S.A.— M. Dousdebès. S.B.F., t.XI, p. 26
Al. 1881. — Angleterre.
Par *Hermit* et *Faraway*, par Y. Melbourne.
Le Pin : depuis 1894.

RAMLEH, P. S. A. — H. N. S.B.F., t. X, p.331
Al. 1890. — France.
Par *Grand-Master* et *Riante*, par Rayon-d'Or.
Saint-Lô : 1894. — Mort le 10 février 1897.

RÂNES, P.S.A.— M. H. Say.— H. N. S.B.F., t. XI, p.26
B. 1889. — France.
Par *Bruce* et *Rigodon*, ex-*Republic*, par Kaiser.
Le Pin : depuis 1893.

RÉGENT, P. S. A. S.B.F., t. X, p. 38
MM. Cle Le Marois, 1892 ; Roche, 1893 ; Teisset, 1895.
B. 1886. — France.
Par *Plutus* et *Rêverie*, par Marignan.
Saint-Lô : 1892. — Le Pin : depuis 1893.

REMIREMONT, P. S. A. S.B.F., t. X, p.-204
M. Pierre, 1895.
B. 1891. — France.
Par *Bordel-Minstrel* et *Trocadisette*, par Trocadéro.
Saint-Lô : depuis 1895.

RÉSERVISTE II, P. S. A. S.B.F., t. X, p. 38
M. G. Fontenier.
B. 1875. — France.
Par *Trocadéro* et *Zoémou*, par Voltigeur.
Saint-Lô : depuis 1892.
(N'a pas fait la monte en 1894 dans la circonscription de Saint-Lô.)

RETREAT, P.S.A.— M. Ed. Blanc. S.B.F., t.XIII, p.360
B. 1877. — Angleterre.
Par *Hermit* et *Quick-March*, par Rataplan.
Le Pin : depuis 1890.

RÉUSSI, P.S.A. — H. N. S.B.F., t. VII, p.27
Al. 1877. — France.
Par *Flageolet* et *Régalia*, par Stockwell.
Le Pin : 1884. — Pompadour : 1892.

REVEREND, P.S.A.— M. Ed. Blanc. S.B.F., t.XI, p. 27
B. 1888. — France.
Par *Energy* et *Rêveuse*, par Perplexe.
Le Pin : depuis 1894.

RICHELIEU, P. S. A. S.B.F., t.IX, p.32
M. Michel Ephrussi.
Al. 1881 — France.
Par *Trocadéro* et *Reine-de-Saba*, par Orphelin.
Le Pin : depuis 1888.

RIO-TINTO, P.S.A. — H. N. S.B.F., t.XI, p.409
B. 1892. — Eure.
Par *The Condor* et *Rigodon*, par Kaiser.
Saint-Lô : depuis 1897.

ROITELET, P.S.A.— H. N. S.B.F., t.XI, p.414
Bb. 1892. — Tarn.
Par *Bocage* et *Rosée*, par Mars.
Le Pin : 1896. — 18 janvier 1897 à Tarbes.

ROMARIN, P. S. A. — H. N. S.B.F., t. X, p.336
B. 1890. — France.
Par *Little-Duck* et *Rosie*, par Rosicrucian.
Saint-Lô : depuis 1894.

ROSTRENEM, P.S.A. — H. N. S.B.F., t.IX, p. 33
Al. 1882. — France.
Par *Montargis* et *Rosita*, par Florin.
Le Pin : 1888. — Lamballe depuis : 1892.

ROTTEN-ROW, P. S. A. S.B.A., t. XI, p. 391 S.B.F., t. XI, p.28
M. Hatin, 1894.
Al. 1887. — Angleterre. — Importé en 1893.
Par *Peter* et *Piccadilly*, par Breakness.
Saint-Lô : depuis 1894.

ROYAL, P. S. A — H. N. S.B.F., t. V, p. 48
Al. 1871. — France.
Par *Florin* et *Royale-Topaze*, par Royal-Quand-Même.
Saint-Lô : 1876. — Abattu le 3 août 1892.

RUEIL, P.S.A. — M. Ed. Blanc. S.B.F., t. XI. p. 28
Al. 1889. — France.
Par *Energy* et *Rêveuse*, par Perplexe.
Le Pin : depuis 1894.

SACRAMENTO, P. S. A. — H. N. S.B.A., t. XVI. p. 17
Bb. 1887. — Angleterre.
Par *Sterling* et *America*, par Elland.
Le Pin : 1891 — Pompadour : 1892.

SAGACITY. — M. de Saint-Alary. S.B.F., t. XII, à paraître.
B. 1888. — Angleterre.
Par *Wisdom* et *Rosalind*, par Rosicrucian.
Le Pin : depuis 1894.

SAINT-DAMIEN, P.S.A. — M. G. Dreyfus. S.B.A., t. XVII. p. 451
B. 1889. — Angleterre.
Par *Saint-Simon* et *Distant-Shore*, par Hermit.
Le Pin : depuis 1894.

SAINT-FERJEUX, ex-**PORTE-FANION**, S.B.F., t. XI. p. 138
P. S. A.
M. le Cte de Cheneletle.
B. 1890. — France.
Par *Florestan* et *Ella*, par Exminster.
Le Pin : 1895. — Mort en 1896.

SAINT-GERMAIN, P.S.A. — M. de Biré. S.B.F., t. XI. p. 752
N. 1886. — France.
Par *Saint-Louis* et *Lady-Clara*, par Blair-Athol.
Le Pin : depuis 1894.

SAINT-LAURENT, P.S.A. (approuvé). S.B.F., t. IX. p. 33
M. Bonpain. — M. Furon, 1896.
B. 1879. — France.
Par *Boïard* et *Cataract*, par North-Lincoln.
Saint-Lô : depuis 1884.

SAINT-LUC, P.S.A. – M. P. Aumont. S.B.F., t. IX, p. 33
B. 1884. — France.
Par *Mourle* et *Bariolette*, par Orphelin.
Le Pin : depuis 1890.

SAINT-MICHEL, P.S.A. — M. H. Say. S.B.F., t. XI, p. 28
B. 1889. — France.
Par *The Bard* et *Sainte-Cecilia*, par Hermit.
Le Pin : depuis 1894.

SAINT-PAIR-DU-MONT, P. S. A. S.B.F., t.XI, p. 28
H. N.
B. 1887. — France.
Par *Beauminet* et *Carmélite*, par Le Petit-Caporal.
Saint-Lô : depuis 1893.

SAINT-VINCENT, P.S.A. S.B.F., t. XI, p.29
M. Lepargneux, 1894.
B. 1887. — France.
Par *Bruce* et *Active*, par Consul.
Saint-Lô : 1894. — 1896, vendu, n'a pas fait la monte.

SANSONNET, P.S.A. — Cte Foy. S.B.F., t. IX, p.33
B. 1881. — France.
Par *Dollar* et *Ortolan*, par Saunterer.
Saint-Lô : 1887. — Vendu après la monte de 1895.

SATORY, P.S.A. — M. P. Aumont. S.B.F., t.VIII, p. 29
Al. 1880. — France.
Par *Trocadéro* et *Reine-de-Saba*, par Orphelin.
Le Pin : depuis 1886.

SATYRE, P.S.A. — Bon de Rothschild. S.B.F., t. XI, p.752
Al. 1890. — France.
Par *Wellingtonia* et *Serena*, ex-*Marguerite*, par Faust.
Le Pin : depuis 1894.

SAXIFRAGE, P.S.A. — M. P. Aumont. S.B.F., t. V, p. 49
Al. 1872. — France.
Par *Vertugadin* et *Slapdash*, par Armandale.
Le Pin : depuis 1878.

SÉSAME, P. S. A. — H. N. S.B.F., t.X, p. 344
Al. 1891. — France.
Par *Reluisant* et *Sévigné*, par Idus.
Le Pin : depuis 1895. — Abattu le 15 novembre 1895.

SIMOUN, P. S. A. S.B.F., t. IX, p. 363
Mis de Triquerville ; M. de Tesson.
Bb. 1888. — France.
Par *Fitz-James* et *Simonne*, par Galopin.
Le Pin : depuis 1893. — Saint-Lô : 1893. — Vendu en 1894.

SORRENTO, P.S.A. — Bonne de Bray. S.B. F., t. X, p. 44
B. 1884. — Angleterre.
Par *Springfield* et *Napoli*, par Macaroni.
Le Pin : depuis 1892.

STRACCHINO, ex-**STRACHINO**, S.B.F., t. VII, p. 31
P. S. A.
Bon de Rothschild, 1880; M. Lepargneux, 1892.
B. 1874. — France.
Par *Parmesan* et *Old-Maid*, par Robert-de-Gorham.
Le Pin : 1880. — Saint-Lô : depuis 1892.

STRATHPEFFER, P. S. A. S.B.F., t. XI, p. 30
M. Halbronn.
Gr. 1887. — Angleterre.
Par *Barcaldine* et *Strathcarron*, par Strathconan.
Le Pin : depuis 1893.

STRÉLITZ, P. S. A. — H. N. S.B.F., t. XI, p. 30
Bb. 1878. — France.
Par *Boïard* et *Séréna*, par Faust.
Le Pin : 1883. — Blois, 1892.

STUART, P. S. A. S.B.F., t. IX, p. 85
M. P. Donon, 1890; M. C. Blanc.
Al. 1885. — France.
Par *Le Destrier* et *Stockausen*, par Stockwell
Le Pin : depuis 1890.

STYX, P.S.A. — Bon de Rothschild. S.B.F., t. X, p. 316
B. 1891. — France.
Par *Tristan* et *Simonne*, par Galopin.
Le Pin : depuis 1897.

SUCRE-D'ORGE, P.S.A. — H. N. S.B.F., t. XI, p. 31
Al. 1887. — France.
Par *Plutus* et *Virginie II*, par Revigny.
Le Pin : depuis 1892.

SULTAN II, P.S.A. — M. Donon. S.B.F., t. VII, p. 225
B. 1886. — France.
Par *Le Destrier* et *Countess-of-Salisbury*, par Knight-of-the-Garter
Le Pin : depuis 1891.

SURVILLIERS, P. S. A. S.B.F., t. XI, p. 441
Bon de Rothschild.
Al. 1891. — France.
Par *Archiduc* et *Sugar-Plum*, par Plum-Pudding.
Le Pin : depuis 1896.

SUZERAIN, P. S. A. (approuvé). S. B. F., t. III, p. 14
Bon de Schickler.
Bb. 1865. — France.
Par *The Nabab* et *Bravery*, par Gameboy.
Saint-Lô : depuis 1869.
N'a pas fait la monte en 1893. — Mort.

SYDNEY, P.S.A.— M. Auvray. S. B. F., t. IX, p. 63
Al. 1888. — France.
Par *Saxifrage* et *Australie*, par Trocadéro.
Le Pin : depuis 1895.

TASHKENT, P.S.A.— H. N. S. B. F., t. XI, p. 453
Bb. 1891. — Eure.
Par *Gamin* et *The Tees*, par Cathedral.
Saint-Lô : 1895. — Castré le 27 août 1897.

TÉLÉMAQUE, P.S.A.— H. N. S. B. F., t. VIII, p. 38
Bb. 1882. — France.
Par *Perplexe* et *Gold-Pen*, par Beadsman.
Le Pin : 1887. — Mort en 1892.

THE BARD, P.S.A.— M. Say. S. B. F., t. VIII, p. 33
Al. 1883. — Angleterre.
Par *Petrarch* et *Magdalene*, par Syrian.
Le Pin : depuis 1887.

THE CONDOR, P. S. A.— H. N. S. B. F., t. VIII, p. 31
B. 1882. — France.
Par *Dollar* et *Charmille*, par The Nabob.

THE MINSTREL, P.S.A. — M. le Cte Foy. S. B. F., t. IX, p. 262
Al. 1888. — France.
Par *The Bard* et *Malibran*, par Consul.
Saint-Lô : depuis 1896.

TOASTMASTER, P. S. A. S. B. A., t. XV, p. 290
M. Delamarre.
Bb. 1877. — Angleterre.
Par *Brow-Bread* et *Mayoress*, par The Marquis.
Le Pin : depuis 1896.

TOURNESOL, P.S.A.— Cte de Ganay. S. B. F., t. X, p. 329
B. 1890. — France.
Par *Le Destrier* et *Perplexité*, par Perplexe.
Saint-Lô : depuis 1895.

TOURNE-TOUJOURS, P. S. A. S. B. F., t. XI, p. 457
Mlle de la Hodde.
B. 1891. — France.
Par *Mourle* et *Toupie*, par Saxifrage.
Saint-Lô : depuis 1897.

TRAJAN, P.S.A.—M. Dousdebès. S. B. F., t. X, p. 350
B. 1889. — France.
Par *Julius-Cæsar*, et *Teacher*, par Blinkhoolie.
Le Pin : depuis 1893.

UPAS, P.S.A. — Cte de Berteux. S. B. F., t. IX, p. 37
Al. 1883. — France.
Par *Dollar* et *Rosemary*, par Skirmisher.
Saint-Lô : depuis 1889.

UTRECHT, P. S. A. — H. N. S. B. F., t. IX, p. 37
Al. 1883. — France.
Par *King-Lud* et *Ortolan*, par Saunterer.
Saint-Lô : depuis 1887.

VEGETARIAN, P. S. A. S. B. F., t. IX, p. 44
M. G. Fontenier, 1892.
B. 1870. — Angleterre. (Importé en 1883.)
Par *Cucumber* et *Salliet*, par Trumpter.
Saint-Lô : 1892. — Mort après la monte de 1896.

VERDUN, ex-**AVENIR**, P. S. A. S. B. F., t. V, p. 25
M. Perrin, 1890.
B. 1871. — France.
Par *Ruy-Blas* et *Voman-in-Red*, par Wild-Dayrel.
Le Pin : 1879. — Vendu en 1892.

VIERZA, P. S. A. — M. Tirard, 1891. S. B. F., t. IX, p. 230
H. N., 1893.
Al. 1886. — France.
Par *Reggio* et *La Vengeance*, par Pace.
Saint-Lô : depuis 1891.

VIGILANT, P.S.A.— M. Delamarre. S. B. F., t. VIII, p. 33
B. 1879. — France.
Par *Vermouth* et *Virgule*, par Saunterer.
Le Pin : depuis 1884.

VIOLON, P.S.A.— H. N., 1892. S. B. F., t. XI, p. 34
B. 1888. — France.
Par *Pellegrino* et *La Violette*, par Le Petit-Caporal.
Saint-Lô : 1892. — Mort le 10 janvier 1894.

VIVEUR, P. S. A. — H. N. S. B. F., t. VII, p. 33
B. 1877. — France.
Par *Vermouth* et *Vipère*, par Patricien.
Saint-Lô : 1882. — Abattu le 17 août 1893.

WAR-DANCE, P. S. A. S. B. F., t. X, p. 45
M. M. Ephrussi.
B. 1887. — France.
Par *Gaillard* et *War-Paint*, par Uncas.
Le Pin : depuis 1892.

WOLSEY, P.S.A. — M. Halbronn. S. B. A., t. XV, p. 57
B. 1880. — Angleterre.
Par *Hampton* et *Bright-Light*, par Breadalbane.
Le Pin : depuis 1897.

XAINTRAILLES, P. S. A. S. B. F., t. VIII, p. 33
M. Lupin, 1887. — M. R. Lebaudy, 1894.
Al. 1882. — France.
Par *Flageolet* et *Déliane*, par The Flying-Dutchman.
Le Pin : depuis 1887.

ZÉPHIR, P.S.A.— M. Grardel. S. B. F., t. IX, p. 266
B. 1888. — France.
Par *King-Lud* et *Mantille*, par Dollar.
Le Pin : depuis 1891.

ZINGARO, P.S.A.— Cte de Berteux. S. B. F., t. XI, p. 34
B. 1888. — France.
Par *King-Lud* et *Dalnamaime*, par Thormanby.
Le Pin : depuis 1893.

ZUT, P. S. A. — H. N. S. B. F., t. VI, p. 29
Al. 1876. — France.
Par *Flageolat* et *Régalia*, par Stockwell.
Le Pin : depuis 1881.

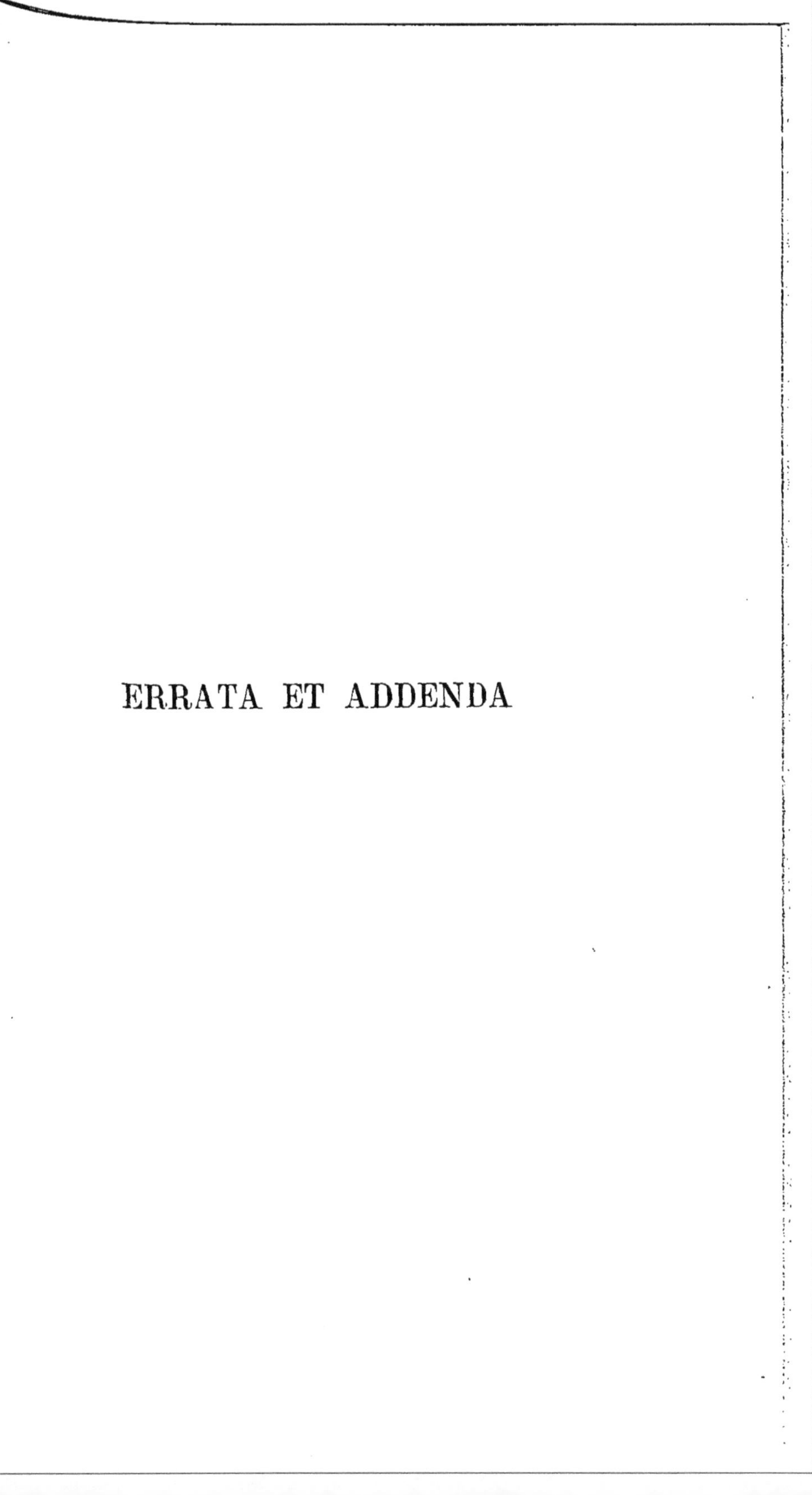

ERRATA ET ADDENDA

ERRATA ET ADDENDA

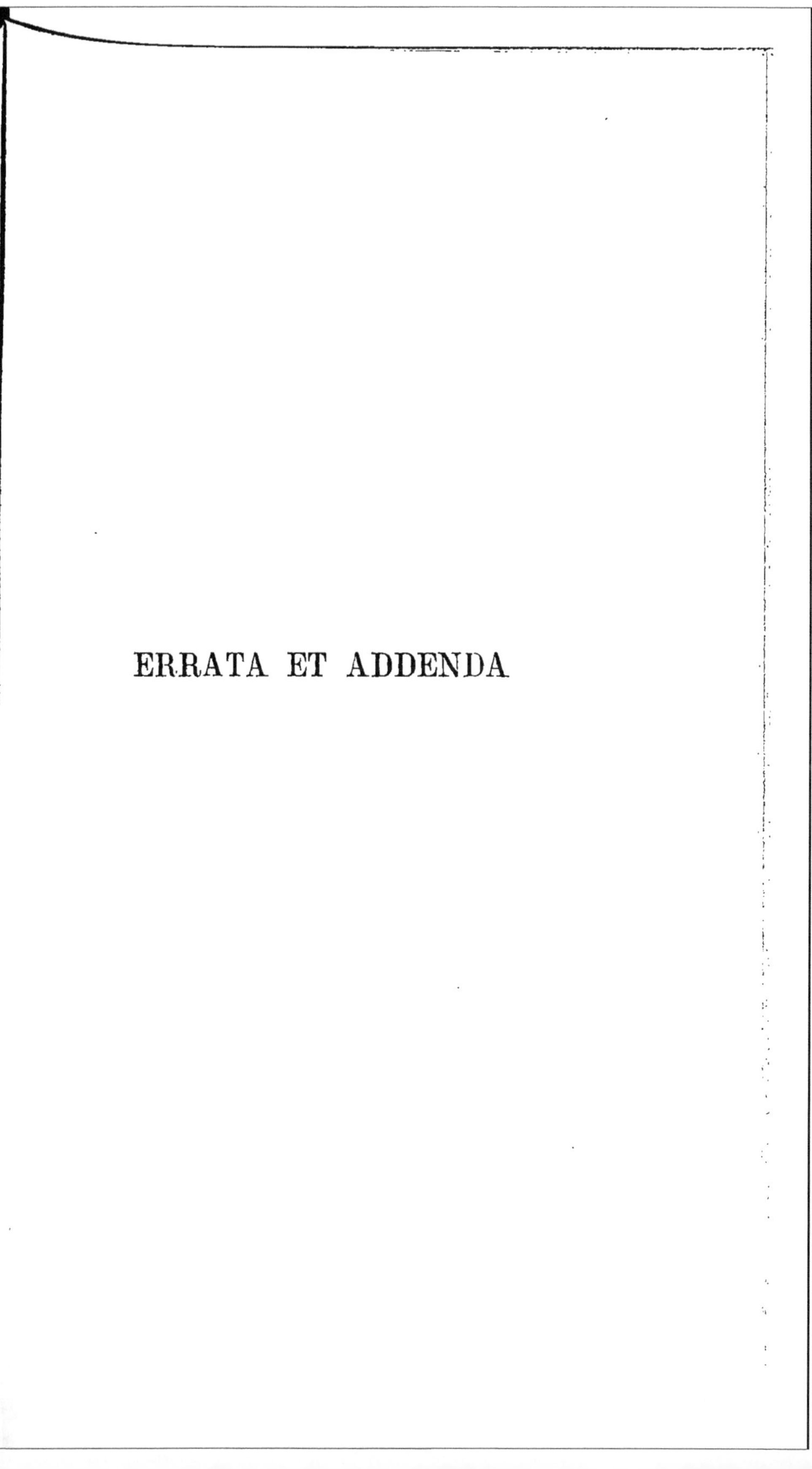

ERRATA ET ADDENDA

ERRATA ET ADDENDA

Page 71. — **JANUS**, par Sénéchal, doit être après **JANUS**, par Phaëton, page 70.

Page 74. — **JÉHU** (approuvé), doit être après **JEFFRIED**, même page.

Page 162. — **TISON**, par Alsacien, doit être après **TIGRIS**, par Lavater, page 163.

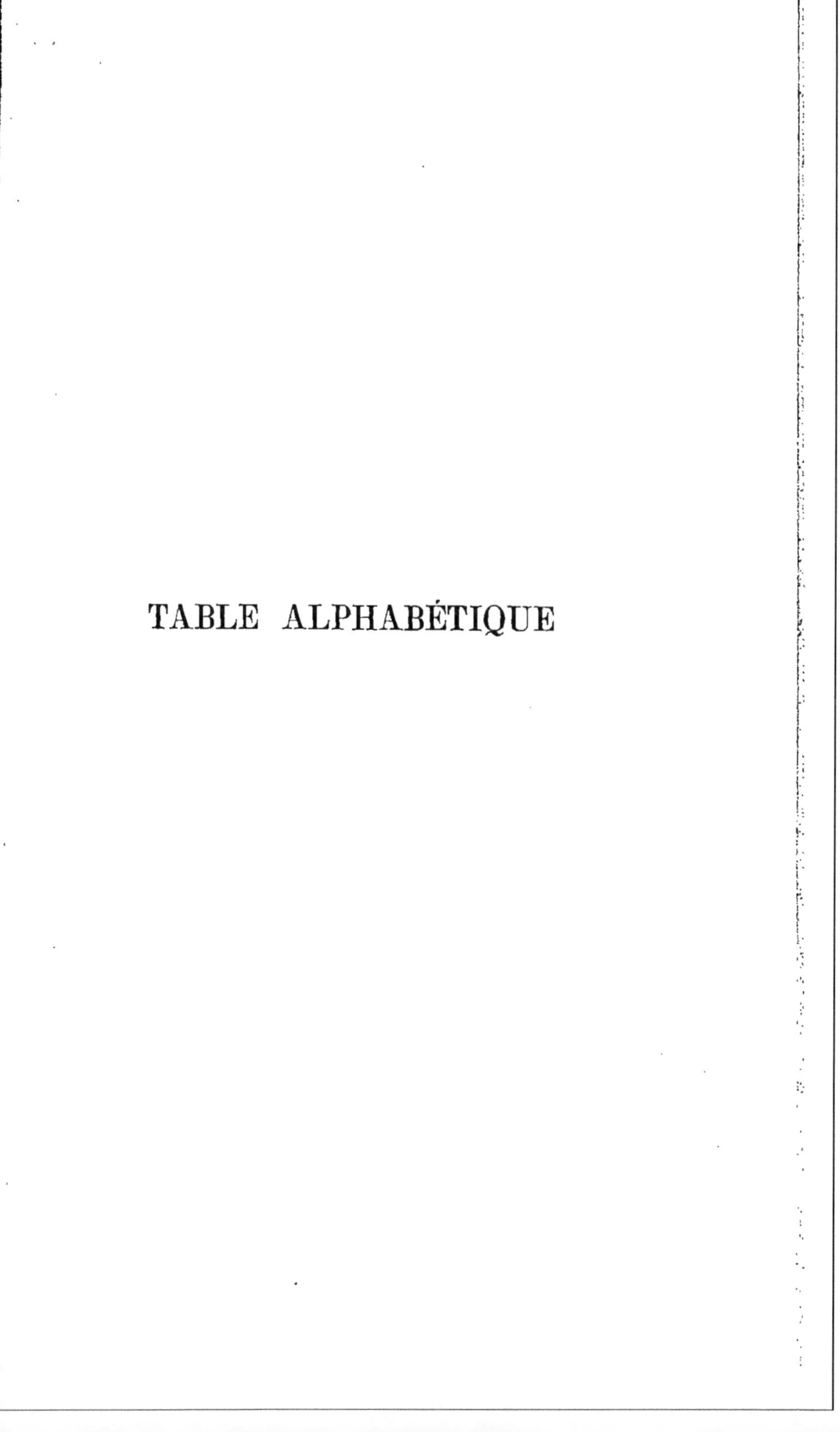

TABLE ALPHABÉTIQUE

TABLE ALPHABÉTIQUE

A

B

C

D

E

F

G

H

I

J

K

L

M

O

P

Q

R

S

T

U

V

Paris. — Imprimerie KUGELMANN, 12, rue de la Grange-Batelière.

www.ingramcontent.com/pod-product-compliance
Ingram Content Group UK Ltd.
Pitfield, Milton Keynes, MK11 3LW, UK
UKHW021045220726
13924UKWH00005B/2026